Galileo 科學大圖鑑系列

VISUAL BOOK OF
THE SOLAR SYSTEM

太陽系大圖鑑

人人出版

前　言

本書是利用深入淺出的文字，搭配精緻寫實的圖片，
淺顯易懂地解說關於太陽系各種關鍵字詞的圖鑑。
無論是想要輕鬆了解太陽系的初入門者，
還是想更深入探究太陽系奧祕的人，都能愉快地閱讀本書。

我們居住的地球是構成太陽系的行星之一，
太陽系誕生至今可能已經有 46 億年之久。

太陽的周圍有八顆行星繞著它公轉，分別是
水星、金星、地球、火星、木星、土星、天王星以及海王星。
原本還有一顆行星是冥王星，不過它已在 2006 年歸類為「矮行星」。

太陽系的成員並不只有太陽、行星和矮行星。

所謂太陽系,是指「太陽及在其周圍繞轉的所有天體」。

直徑數公尺的岩石也好,或是繞太陽一周要費時幾百年的彗星也罷,

都屬於太陽系的一分子。

這些太陽系的天體可能都是在 46 億年前大約同一時期誕生的。

太陽系擁有超乎想像的浩瀚範疇,以及悠久漫長的歷史。

本書除了介紹構成現今太陽系的諸多天體,

也會講述太陽系從誕生到死亡的過程。

那麼,現在就一起來探討我們所居住的太陽系世界!

VISUAL BOOK OF THE SOLAR SYSTEM 太陽系大圖鑑

月球與太陽

月球與太陽

NASA的太陽觀測衛星於2015年9月13日拍攝的日食。
乃藉由極紫外線波長所攝的影像予以著色而成。

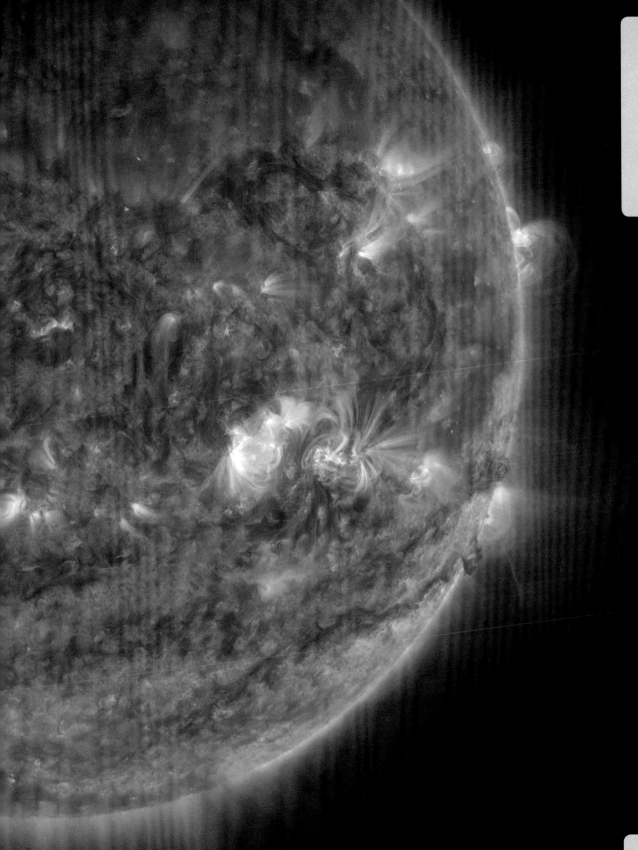

水星最大的隕石坑

水星最大的隕石坑

依據探測船「信使號」（Messenger）的觀測資料所合成的水星表面樣貌。按標高分別著上不同顏色，紫色部分為標高最低的地區，白色部分為標高最高的地區。影像中的標高差最大達到4000公尺左右，所顯示的是從水星最大隕石坑「卡洛里斯盆地」（Caloris Basin）上空朝西北方眺望的景觀。其中央偏上方朝左右兩邊延伸的圓弧狀紅色區域（標高較高的地區）為隕石坑的邊緣。

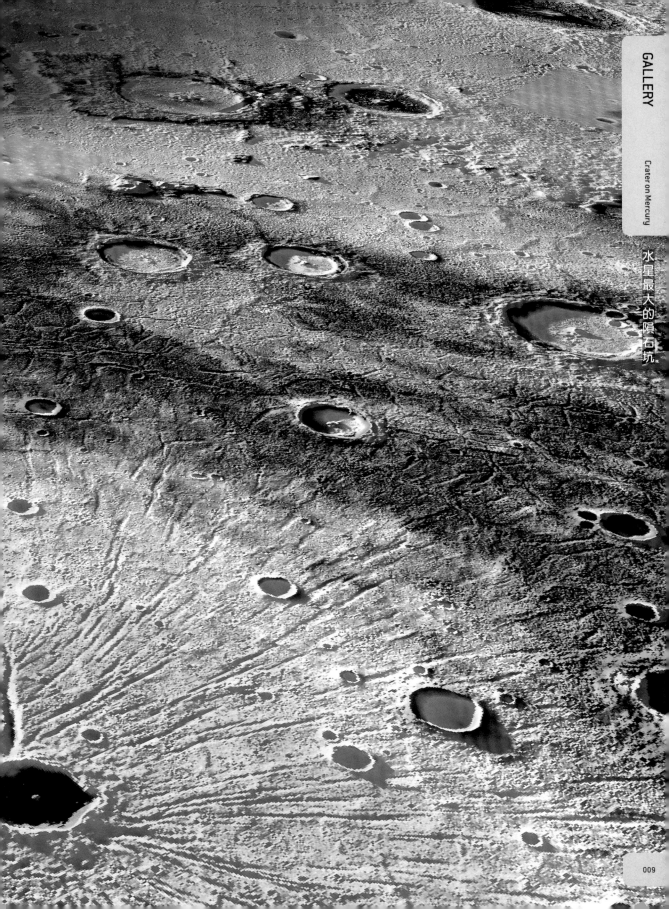

火星的地表

NASA的探測船「好奇號」（Curiosity）於2018年拍攝的火星地表景象。畫面所顯示的不過是夏普山（Mount Sharp）山坡的極小部分而已。一般認為，蓋爾隕石坑（Gale Crater）地區早期曾經有座湖泊，夏普山是沉積湖底的地層後來受到侵蝕而形成的。

木星的北半球

NASA的木星探測船「朱諾號」（Juno）於2018年拍攝的木星北半球。
左端影像是從北緯69度附近 2 萬5300公里高空所攝得，而右端則是從
北緯36度附近6200公里高空所攝得的景象。

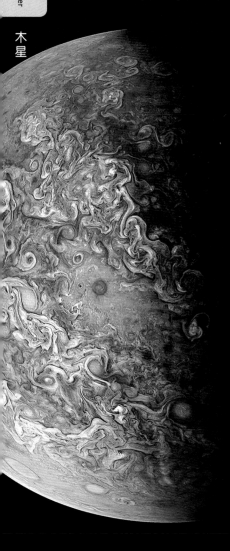
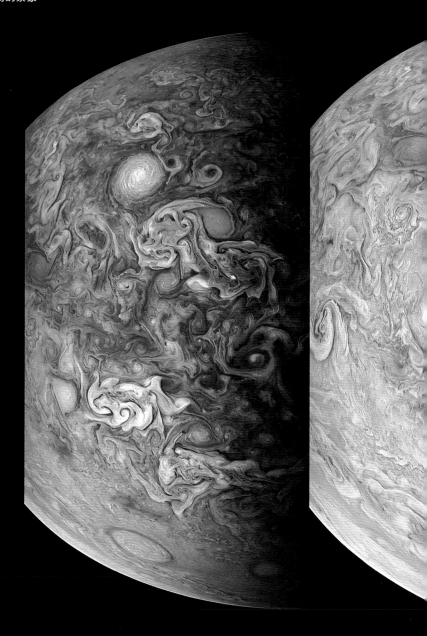

因陽光照耀而發亮的土星

NASA的探測船「卡西尼號」（Cassini）於2013年拍攝的土星環。這是從土星遮住陽光的方向，於距離土星120萬公里處之環面下側17度的位置拍攝而得的影像。並且使用紅、綠、藍的濾鏡效果將資料再予合成而得，相當接近觀測時的原本色調。

1

太陽系的面貌

Solar System

行星以太陽為中心繞轉

海王星
（冰質巨行星）

天王星
（冰質巨行星）

土星
（氣體巨行星）

木星
（氣體巨行星）

專欄 COLUMN
太陽系的位置

從正上方俯視銀河系的想像圖。據推測，銀河系的直徑大約10萬光年。估計銀河系的恆星數量多達1000億～數千億個，而太陽所在位置距離銀河系中心大約 2 萬8000光年。

太陽

太陽系以太陽為中心，太陽周圍有八個行星，按與太陽之距離由近至遠依序為水星、金星、地球、火星、木星、土星、天王星、海王星。最大的木星直徑約為地球的11倍，體積為1321倍，重量為318倍。最外側的海王星距太陽非常遙遠，大約為地球與太陽距離的30倍。

行星各自繞著太陽公轉。大致都在同一個平面上繞轉，軌道接近圓形。從水星到火星稱為「岩質行星」（又稱為類地行星，terrestrial planet），主要由岩石和鐵構成。木星和土星的外層是大量的氣體，中心有個由冰和岩石構成的固體核，稱為「氣體巨行星」。天王星和海王星的中心是冰和岩石，周圍只有少量的氣體，歸類為「冰質巨行星」。

行星的軌道依循著名為「克卜勒定律」的法則呈橢圓形。

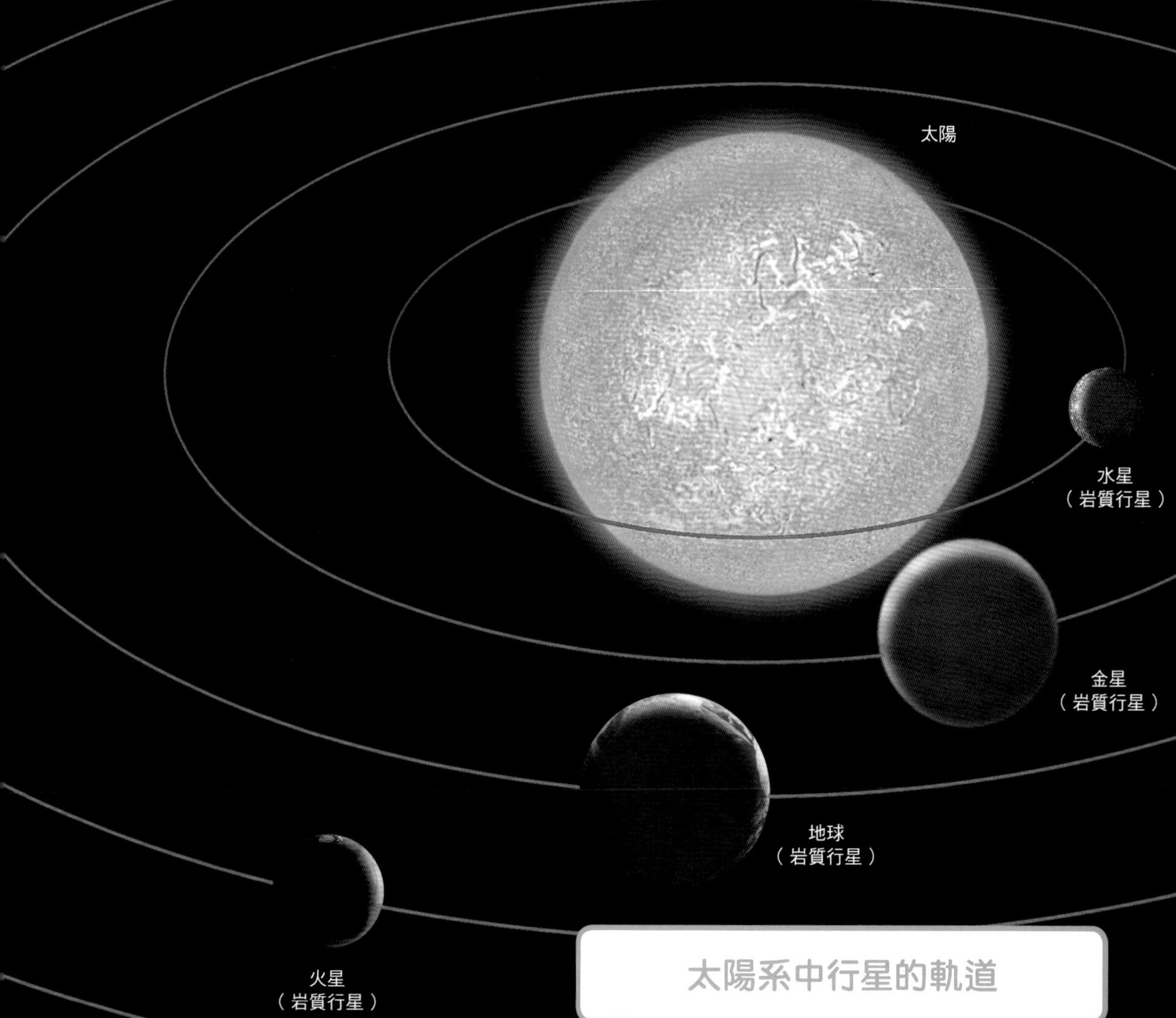

太陽

水星
（岩質行星）

金星
（岩質行星）

地球
（岩質行星）

火星
（岩質行星）

太陽系中行星的軌道

這些行星的軌道大致接近圓形，而且都沿著同一個方向繞轉運行。圖中並未精確描繪出各個行星與太陽的直徑比例以及公轉軌道的半徑比例。

行星的軌道呈橢圓形

太　陽系中的八個行星，大致上都是沿著接近圓形的軌道繞著太陽公轉。而這些行星當中，在地球軌道內側繞轉的稱為「內行星」，在地球軌道外側繞轉的則稱為「外行星」。

最靠近太陽的水星自轉週期大約59天，公轉週期大約88天，白天溫度高達430℃。金星的公轉週期大約224天。雖然金星繞行太陽的軌道位於水星軌道外側，但因大氣中的主要成分二氧化碳會引發溫室效應，所以它的溫度比水星還高，達到460～500℃。

地球繞行太陽一周大約需時365天，公轉速度為秒速30公里。在最鄰近地球外側軌道上繞轉的火星，公轉週期大約 2 年。木星是太陽系最大的行星，繞行太陽一周需時大約12年。土星需時大約29年，而在土星外側繞行的天王星週期大約84年。至於在最外側繞行的海王星，則要花上大約164年的漫長歲月才能繞行太陽一周。

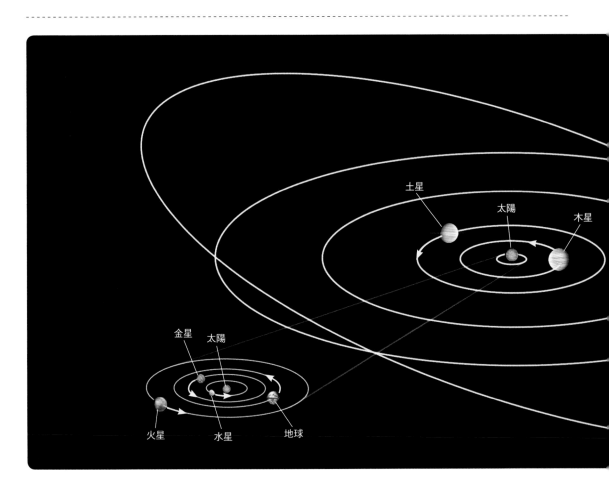

系外行星的軌道

在太陽系以外的「系外行星」當中，發現許多「大離心率行星」（eccentric planet），擁有如黃線所示的這種極端橢圓形軌道。藍線是用來作比較而描繪的太陽系行星軌道。

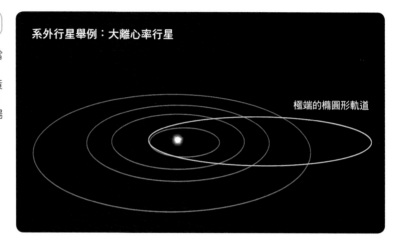

系外行星舉例：大離心率行星

極端的橢圓形軌道

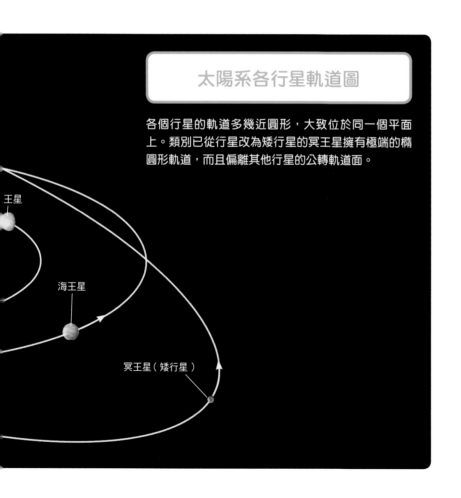

太陽系各行星軌道圖

各個行星的軌道多幾近圓形，大致位於同一個平面上。類別已從行星改為矮行星的冥王星擁有極端的橢圓形軌道，而且偏離其他行星的公轉軌道面。

王星

海王星

冥王星（矮行星）

構成太陽系的行星、矮行星、小天體

太陽系的成員除了行星之外，還有繞著行星公轉的衛星、5 個矮行星，以及許許多多的小天體等等。位於太陽系內側的水星到火星這幾個行星稱為「類地行星」。

而位於火星外側的木星到海王星這幾個行星，則稱為氣體巨行星（gas giant）或冰質巨行星（ice giant）。一般認為這些行星主要由氫、氦這類較輕的元素所構成。

氣體巨行星和冰質巨行星的特徵是周圍都有環，而且衛星的數量很多。絕大多數衛星的質量，都在其中心行星的 1 萬分之 1 以下。

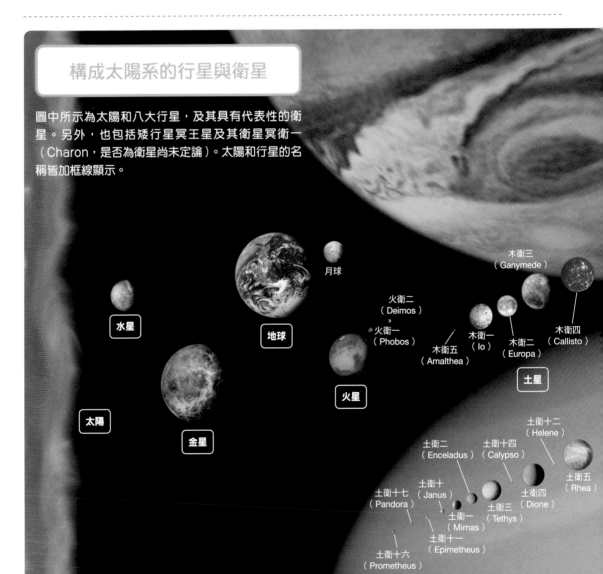

構成太陽系的行星與衛星

圖中所示為太陽和八大行星，及其具有代表性的衛星。另外，也包括矮行星冥王星及其衛星冥衛一（Charon，是否為衛星尚未定論）。太陽和行星的名稱皆加框線顯示。

月球

木衛三（Ganymede）

火衛二（Deimos）

水星

地球

火衛一（Phobos）

木衛五（Amalthea）

木衛一（Io）

木衛二（Europa）

木衛四（Callisto）

太陽

火星

土星

金星

土衛十二（Helene）

土衛二（Enceladus）

土衛十四（Calypso）

土衛五（Rhea）

土衛十七（Pandora）

土衛十（Janus）

土衛四（Dione）

土衛一（Mimas）

土衛三（Tethys）

土衛十一（Epimetheus）

土衛十六（Prometheus）

天體的種類		
恆星	本身會發光的天體。	
行星	環繞恆星公轉的天體。本身不會發光，藉反射陽光而發亮。	
衛星	環繞行星公轉的天體。	
矮行星	呈球狀，雖然質量達到一定的程度，但其軌道附近有大致相同的天體存在，以致於不太明顯突出，且為非衛星的天體。	
小天體	小行星	大多數存在於火星和木星之間的「小行星帶」，主要成分為岩石的小天體。
	海王星外天體	位於比海王星更遠的地方，由冰和岩石構成的小天體。
	彗星	來自距離太陽30～10萬天文單位的區域，主要成分為冰的小天體。

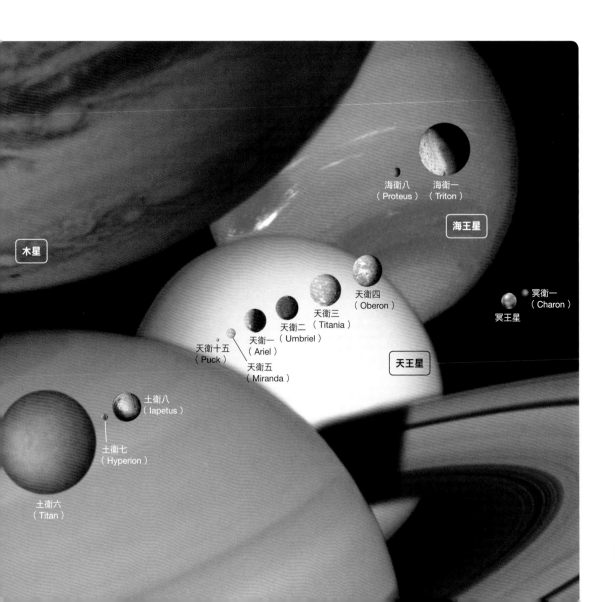

海衛八（Proteus）　海衛一（Triton）

海王星

木星

天衛四（Oberon）

天衛三（Titania）

天衛二（Umbriel）

天衛一（Ariel）

天衛十五（Puck）

天衛五（Miranda）

天王星

冥衛一（Charon）

冥王星

土衛八（Iapetus）

土衛七（Hyperion）

土衛六（Titan）

如果將地球比作彈珠，則木星大小就有如鉛球

試 將太陽系中各個天體的大小作個比較，則太陽壓倒性地最為巨大。若以天體半徑來比較的話，太陽的赤道半徑大約為69萬6000公里，木星的赤道半徑大約為7萬1000公里，兩者相差10倍左右。

地球的赤道半徑大約為6400公里，在太陽、水星、金星、地球、火星、木星、土星、天王星、海王星這9個天體當中排名第6。最小的是水星，赤道半徑僅約2400公里，只有木星的30分之1左右而已。

如果把地球縮成直徑1公分的「彈珠」，那麼太陽直徑就可等比例縮為110公分左右，和人類小孩的身高差不多。第二大的木星則相當於田徑場上的「鉛球」，至於最小的水星就縮成只有「遊戲槍彈」（BB彈）那樣的大小了。

水星
赤道半徑：約2440km
質量：約地球的0.06倍
密度：約5.43g/cm³
赤道重力：約地球的0.38倍
公轉週期：約88天
自轉週期：約59天
與太陽的平均距離：約地球的0.39倍

金星
赤道半徑：約6052km
質量：約地球的0.82倍
密度：約5.24g/cm³
赤道重力：約地球的0.91倍
公轉週期：約225天
自轉週期：約243天
與太陽的平均距離：約地球的0.72倍

地球
赤道半徑：約6378km
質量：約 5.972×10^{24} kg
密度：約5.51g/cm³
赤道重力：約9.8m/s
公轉週期：約365天
自轉週期：約24小時
與太陽的平均距離：約1億4960萬km

月球

火星
赤道半徑：約3396km
質量：約地球的0.11倍
密度：約3.93g/cm³
赤道重力：約地球的0.38倍
公轉週期：約687天
自轉週期：約25小時
與太陽的平均距離：約地球的1.52倍

木星
赤道半徑：約7萬1492km
質量：約地球的317.83倍
密度：約1.33g/cm³
赤道重力：約地球的2.37倍
公轉週期：約11.9年
自轉週期：約10小時
與太陽的平均距離：約地球的5.20倍

太陽
赤道半徑：約69萬6000km
質量：約地球的33萬3000倍
密度：約1.41g/cm³
赤道重力：約地球的28倍
公轉週期：—
自轉週期：約25.38天

天體的大小

土星 赤道半徑：約6萬268km
質量：約地球的95.16倍
密度：約0.69g/cm³
赤道重力：約地球的0.93倍
公轉週期：約29.5年
自轉週期：約11小時
與太陽的平均距離：約地球的9.55倍

天王星 赤道半徑：約2萬5559km
質量：約地球的14.54倍
密度：約1.27g/cm³
赤道重力：約地球的0.89倍
公轉週期：約84年
自轉週期：約17小時
與太陽的平均距離：約地球的19.22倍

海王星 赤道半徑：約2萬4764km
質量：約地球的17.15倍
密度：約1.64g/cm³
赤道重力：約地球的1.11倍
公轉週期：約164年
自轉週期：約16小時
與太陽的平均距離：約地球的30.11倍

參考：冥王星 赤道半徑：約1190km
質量：約地球的0.002倍
密度：約1.85g/cm³
赤道重力：約地球的0.06倍
公轉週期：約248年
自轉週期：約6.4天
與太陽的平均距離：約地球的39.35倍

其類別已從行星改為「矮行星」。

以20億分之1的比例尺來作比較

圖示以太陽和各個行星實際大小的20億分之1來呈現。由圖可知，與太陽相較，每個行星都很小，其中又以地球這類岩質類行星質更為矮小。

太陽系中地球的密度最大

若不論大小而以密度來比較的話，則太陽系中密度最大的行星是地球。地球每 1 立方公尺的平均重量約有5520公斤（即密度5520kg/m³）。水星擁有主成分為鐵的核，鐵核占半徑70%左右，但質量很小。木星是僅次太陽的第二大天體，但密度大約只有地球的 4 分之 1（平均1330kg/m³）。土星也一樣，雖然是半徑第三大的天體，密度卻最小（平均690kg/m³）。也就是說，巨大的行星反而密度比較小。

行星可以依據內部的構造分成 3 大類。擁有堅硬地表面的水星、金星、地球、火星稱為「類地行星」。表面包覆著氣體的木星和土星稱為「氣體巨行星」。覆蓋著氣體，但一半以上由冰構成的天王星和海王星則稱為「冰質巨行星」。類地行星的內部含有許多鐵之類的重元素，而構成巨大行星的成分則幾乎都是氫和氦之類的輕元素。

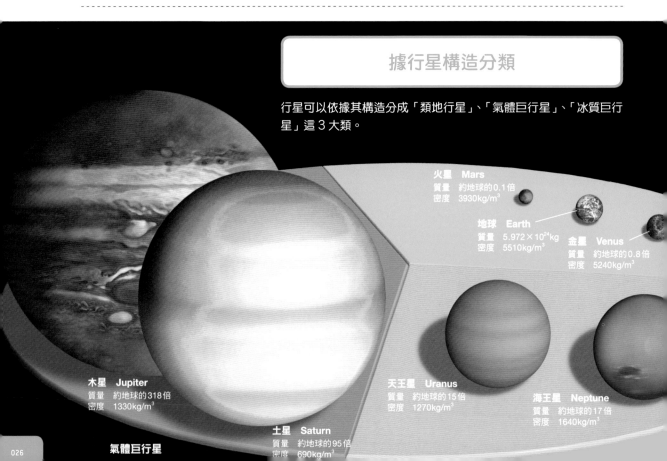

據行星構造分類

行星可以依據其構造分成「類地行星」、「氣體巨行星」、「冰質巨行星」這 3 大類。

火星　Mars
質量　約地球的0.1倍
密度　3930kg/m³

地球　Earth
質量　5.972×10²⁴kg
密度　5510kg/m³

金星　Venus
質量　約地球的0.8倍
密度　5240kg/m³

木星　Jupiter
質量　約地球的318倍
密度　1330kg/m³

天王星　Uranus
質量　約地球的15倍
密度　1270kg/m³

海王星　Neptune
質量　約地球的17倍
密度　1640kg/m³

土星　Saturn
質量　約地球的95倍
密度　690kg/m³

氣體巨行星

微塵密度會隨著與太陽距離不同而變化

微塵是岩石、金屬、水冰等的微小粒子。太陽（原始太陽）鄰近區域的溫度很高，微塵會蒸發殆盡。另一方面，隨著相距太陽越來越遠，微塵（固體粒子）得以依照金屬、岩石、水冰的順序殘留下來。冰微塵能夠存在的邊界線稱為「雪線」（snow line）。一般認為，以距離太陽大約2.7au※附近為分界，界線內側水冰微塵無法存在，反而是在其外側出現水冰微塵能夠存在的狀態。這對往後行星的形成有相當大的影響。在雪線內側誕生的是水星、金星、地球、火星這類岩質行星，在外側則誕生了木星、土星等氣體巨行星和天王星、海王星等冰質巨行星。

※au：天文單位

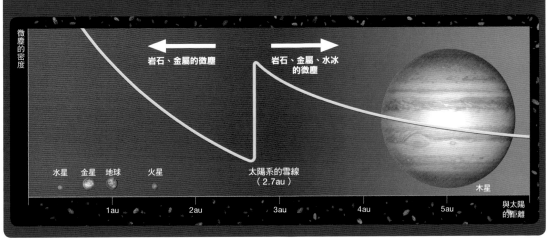

微塵的密度

岩石、金屬的微塵

岩石、金屬、水冰的微塵

水星　金星　地球　　火星　　　　　　　太陽系的雪線（2.7au）

木星

1au　　　2au　　　3au　　　4au　　　5au　　　與太陽的距離

類地行星

水星　Mercury
質量　約地球的0.06倍
密度　5430kg/m³

冰質巨行星

專欄 COLUMN 宇宙中的距離單位「天文單位」（au）

在天文學的領域中，經常以地球與太陽的平均距離（約1億4960萬公里）作為距離的基準，稱為「1天文單位」（1au，au是astronomical unit的縮寫）。依此，水星與太陽的距離大約為0.39au，意即大約是地球與太陽之距離的0.39倍。另外，地球的質量則以$1M_\oplus$來表示。

水星（0.39au，$0.055M_\oplus$）　　金星（0.72au，$0.82M_\oplus$）

地球（1.0au，$1.0M_\oplus$）

太陽（330,000$M_\oplus$）　　火星（1.5au，$0.11M_\oplus$）

太陽系整體規模

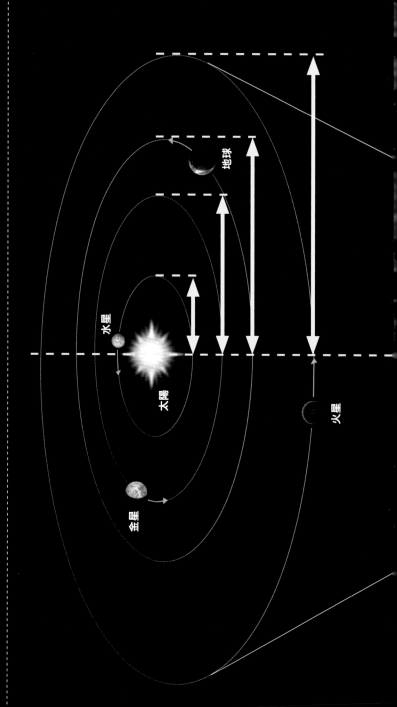

太陽系中，公轉軌道離太陽最近的行星是水星。即使如此，水星距太陽也有大約5800萬公里之遙。如果搭乘時速300公里的高鐵從水星前往太陽，必須費時22年以上才能抵達。若是距離太陽最遠的海王星，與太陽的距離大約45億公里，同

樣搭乘高鐵，則要花上1710年才能抵達。即使是宇宙中速度最快的光，也要大約4個小時才能抵達海王星。

為了更容易前往這些距離到底有多遠，我們假設太陽是個直徑1公尺的球。在此情況下，地球與太陽的距離為107公尺左

右，而木星與太陽的距離約為560公尺，至於最遙遠的海王星則達3.2公里左右。

圖中標示：金星、水星、太陽、地球、火星

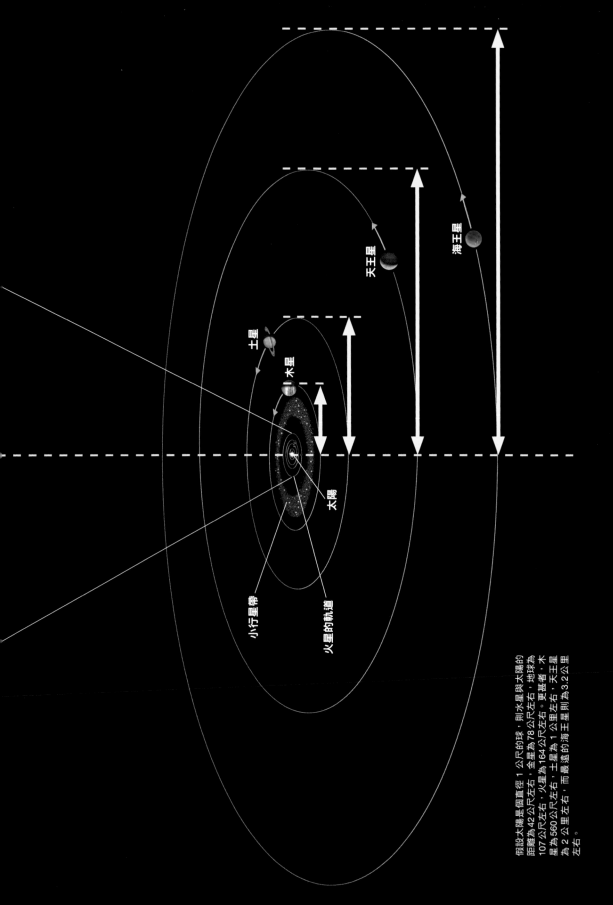

天王星

海王星

土星

木星

太陽

小行星帶

火星的軌道

假設太陽是個直徑 1 公尺的球,則水星與太陽的
距離為42公尺左右。金星為78公尺左右,地球為
107公尺左右,火星為164公尺左右。更驚者,木
星為560公尺左右,土星為 1 公里左右,天王星
為 2 公里左右,而最遠的海王星則為3.2公里
左右。

COLUMN

行星是在夜空「晃蕩」移動的星體

夜空中明亮閃爍的星星幾乎全是恆星。話雖如此，然則太陽系的行星當中，水星到土星這幾個憑我們肉眼即可看見。乍看之下這些行星和恆星似乎沒什麼兩樣，但若仔細觀測，便可看出它們的運動方式和恆星並不相同。

晃蕩移動的行星

恆星會在每一時刻所看到的位置上一點一點地移動，一年之後又回到原來的位置，這稱為「周年運動」（annual motion）。另一方面，較之夜空的恆星，行星移動的方式則偏向搖來晃去地運行著。而且，相對於恆星，由西向東移動稱為「順行」（prograde motion）；反之，由東向西移動則稱為「逆行」（retrograde motion）。日文中行星之所以稱為「惑星」即由此而來※。

為什麼會逆行呢？

行星的公轉速度各不相同，因此地球有時候追過外行星，有時候則被內行星追過。這個時候，從地球上看到的行星就是在逆行。

以在地球外側公轉的外行星為例，公轉軌道比地球大得多，所以公轉速度比較慢。因此，地球行進的方式就像在追趕外行星，會逐漸逼近然後超越。從地球角度來看的話，此時的外行星就像是在向後退。相反地，水星和金星這類在地球內側公轉的內行星，則好像在追趕地球，直到後來居上。這時從地球上看來，內行星好像是在逆行一樣。

※譯註：西漢時期，司馬遷把五大行星與春秋戰國以來的「五行」學說聯繫在一起，正式把五大行星命名為「金星」、「木星」、「水星」、「火星」、「土星」。這也是中文把這些星體稱為行星的由來。

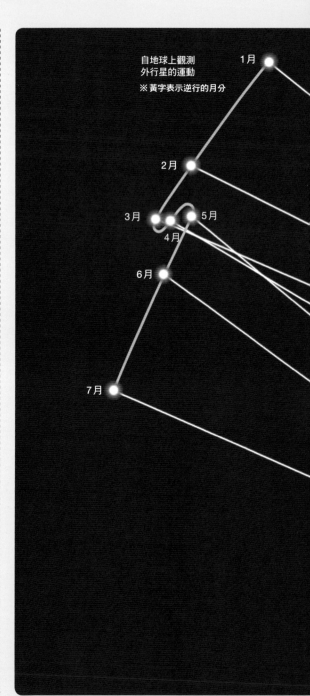

自地球上觀測外行星的運動
※黃字表示逆行的月分

1月
2月
3月
4月
5月
6月
7月

行星的逆行運動

圖示為某年 1 至 7 月間地球與外行星的位置。軌道位於地球軌道
外側的行星（外行星），公轉速度比地球慢。因此之故，猶如 1 月
時，外行星在地球的前方，但到了 3 月地球便追上外行星。這個時
候，外行星仍然朝著和以前一樣的方向行進，但自地球上看來卻是
在向後退。這種情形即稱為逆行運動。

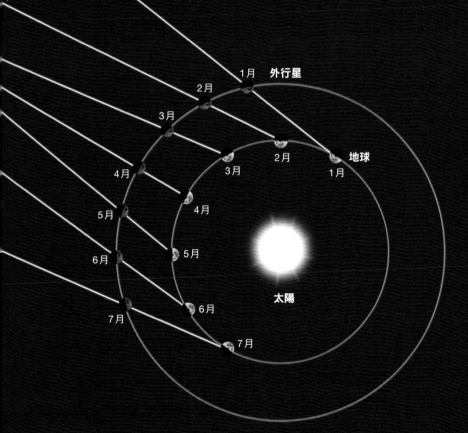

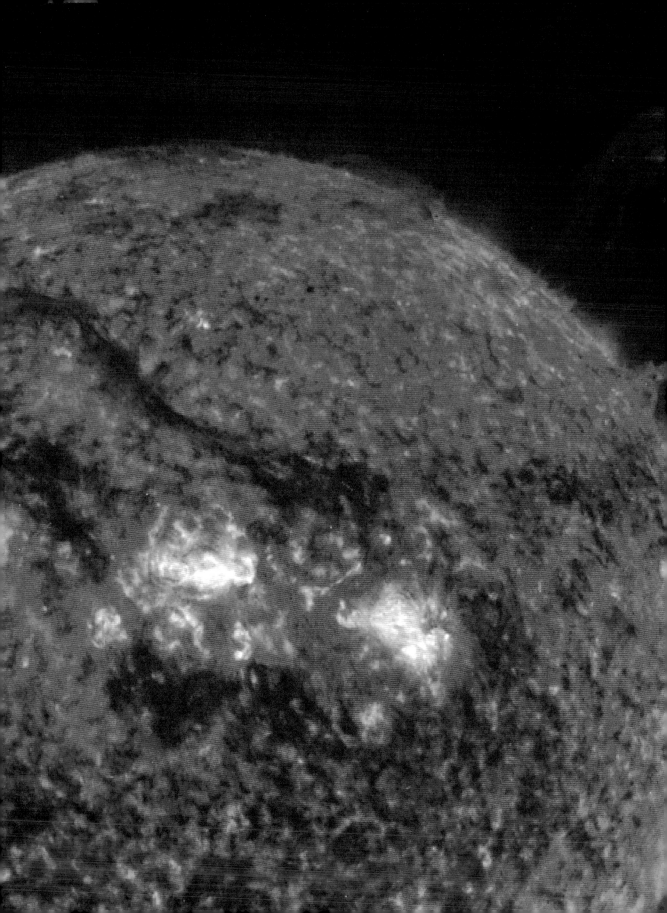

2
太陽
Sun

位於系統中心的最大天體「太陽」

日冕

色球

光球

太陽 Sun

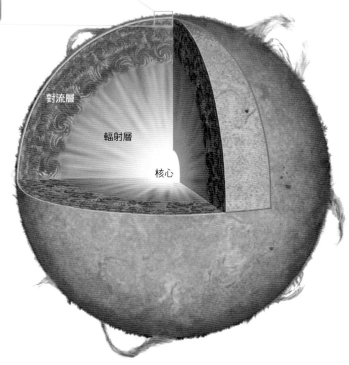

對流層

輻射層

核心

基本數據

視半徑	15' 59".64
赤道半徑	69萬6000km
赤道重力	地球的28.01倍
體積	地球的130萬4000倍
質量	地球的33萬2946倍
密度	$1.41g/cm^3$
自轉週期	25.3800天

依據日本國立天文臺編《理科年表2020》

水星 金星 地球 火星 穀神星（矮行星）木星　　　　　　　土星　　　　　　　　　　　天王星

太陽　1au　　　　　5au　　　　　　　　10au　　　　　　　　　　20au

太陽是太陽系的中心，也是太陽系唯一的恆星。其大小、重量都是太陽系最大，尤其是重量，更占了構成太陽系所有天體總質量的99.86％。如此巨大的質量所產生的重力，遂吸引了構成太陽系的所有天體皆圍繞著它運行。

太陽的內部絕大部分是氫和氦的氣體。而且持續地在中心部位發生由氫原子聚變成氦原子的核融合反應，結果產生了非常龐大的能量。

太陽表面的溫度約為絕對溫度6000K（克耳文）。太陽黑子（sunspot，日斑）是出現在光球（photosphere）表面直徑達數百至數萬公里的巨大暗斑。在幾天到幾十天的期間，太陽黑子反覆地產生又消滅。此外，太陽表面會以 5 分鐘左右的週期發生震動。因其表面附近的氣體藉著對流而不停地移動，也就是這種變化才引發太陽黑子和太陽表面的震動等現象。

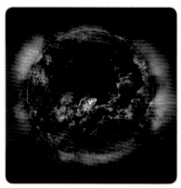

100萬℃的電漿模樣。
使用觀測衛星「SOHO」的極紫外線望遠鏡（EIT）拍攝而得。

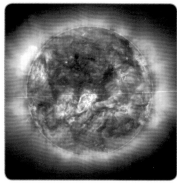

150萬℃的電漿模樣。
使用觀測衛星「SOHO」的極紫外線望遠鏡（EIT）拍攝而得。

電漿

由於太陽核心及輻射層的溫度非常高，會使電子從原子中脫離出來。這種原子核和電子逸散又混雜在一起之氣體的狀態，即稱之為電漿（plasma）。對流層、光球和色球等處的溫度比較低，電漿和普通的原子摻雜在一起。到了更外側的日冕，溫度又升高，幾乎全部變成電漿。左圖皆是太陽觀測衛星自太空所看到的景象。

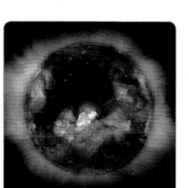

200萬～500萬℃的電漿模樣。
使用觀測衛星「陽光號」（Yohkoh）的軟X射線望遠鏡拍攝的日冕X射線影像。

200萬℃的電漿模樣。
使用觀測衛星「SOHO」的極紫外線望遠鏡（EIT）拍攝而得。

海王星

30au

冥王星（矮行星）

40au

50au

太陽的構造

太陽為
層狀構造

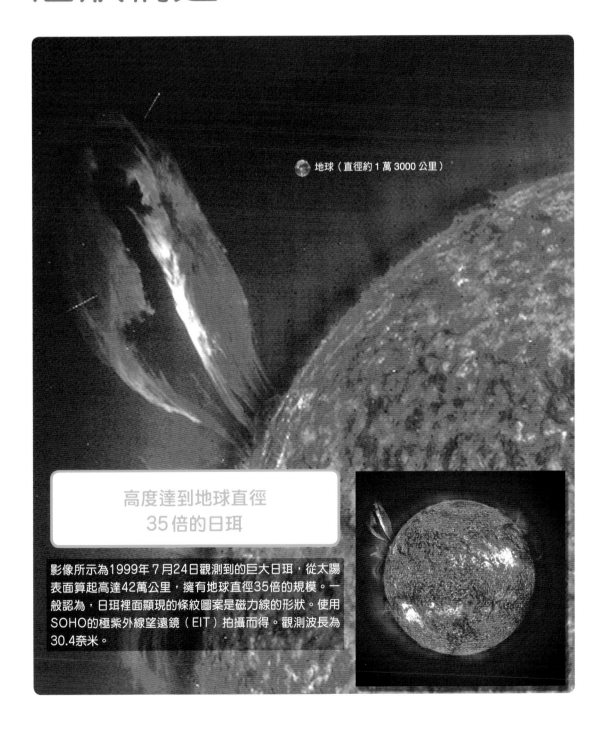

地球（直徑約 1 萬 3000 公里）

**高度達到地球直徑
35 倍的日珥**

影像所示為1999年 7 月24日觀測到的巨大日珥，從太陽
表面算起高達42萬公里，擁有地球直徑35倍的規模。一
般認為，日珥裡面顯現的條紋圖案是磁力線的形狀。使用
SOHO的極紫外線望遠鏡（EIT）拍攝而得。觀測波長為
30.4奈米。

太陽為層狀構造，由中心往外依序為「核心」（core）、「輻射層」（radiative zone）、「對流層」（convective zone）、「光球」（photosphere）、「色球」（chromosphere）、「日冕」（corona）。地球上可見的太陽表面部分稱為「光球」。

把太陽表面放大，會看到沸騰翻滾如米粒般的斑駁模樣，此即所謂的「米粒組織」（granulation），是太陽內部的熱藉著對流浮升至表面造成的現象。太陽表面還可以看到太陽黑子，以及無數個分布在其周圍的明亮斑點——「光斑」（facula）。

太陽不只放出肉眼可見的光（可見光），也會放射紅外線、紫外線、X射線、無線電波等等。可見光和這些電波射線合稱為「電磁波」。可見光以外的電磁波，是從包覆著太陽且密度稀薄的高溫電漿放射出來的。其中之一便是朝外側擴展到數千公里高的「色球」。

色球的外側有「日冕」。日冕包覆著整個太陽，主要放射X射線和無線電波。色球會發生所謂「太陽閃焰」（solar flare）的巨大爆炸。此外，日冕層有時會出現從色球噴出的數萬至數十萬公里長的巨大「火焰」，稱為「日珥」（solar prominence），是1萬℃電漿構成的環狀物。日珥會放射名為「H-α射線」的紅光。

太陽的表面構造

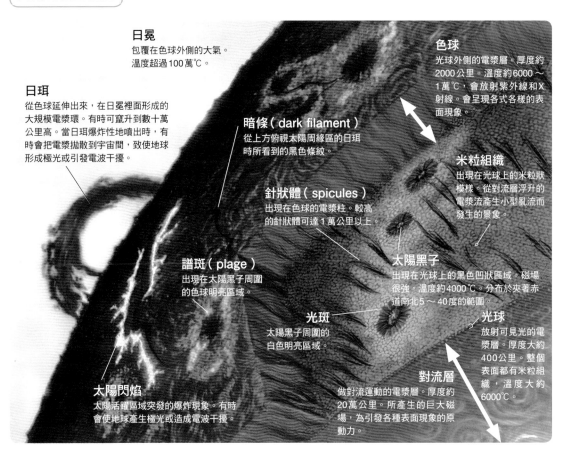

日冕
包覆在色球外側的大氣。溫度超過100萬℃。

日珥
從色球延伸出來，在日冕裡面形成的大規模電漿環。有時可竄升到數十萬公里高。當日珥爆炸性地噴出時，有時會把電漿拋散到宇宙間，致使地球形成極光或引發電波干擾。

暗條（dark filament）
從上方俯視太陽周緣區的日珥時所看到的黑色條紋。

針狀體（spicules）
出現在色球的電漿柱。較高的針狀體可達1萬公里以上。

譜斑（plage）
出現在太陽黑子周圍的色球明亮區域。

光斑
太陽黑子周圍的白色明亮區域。

太陽閃焰
太陽活躍區域突發的爆炸現象。有時會使地球產生極光或造成電波干擾。

色球
光球外側的電漿層。厚度約2000公里。溫度約6000～1萬℃，會放射紫外線和X射線。會呈現各式各樣的表面現象。

米粒組織
出現在光球上的米粒狀模樣。從對流層浮升的電漿流產生小型亂流而發生的景象。

太陽黑子
出現在光球上的黑色凹狀區域。磁場很強，溫度約4000℃。分布於夾著赤道南北5～40度的範圍。

光球
放射可見光的電漿層。厚度大約400公里。整個表面都有米粒組織，溫度大約6000℃。

對流層
做對流運動的電漿層。厚度約20萬公里。所產生的巨大磁場，為引發各種表面現象的原動力。

太陽是超高溫暨超高壓的核融合反應爐

般認為，太陽內裡可分為「核心」、「輻射層」、「對流層」這3個層。釋出的能量來自核心所發生的核融合反應。

太陽是一個巨大的氣體團塊。談到氣體，往往會讓人想到輕飄飄的物體狀態，但是太陽重量所產生的重力非常強大，對核心附近

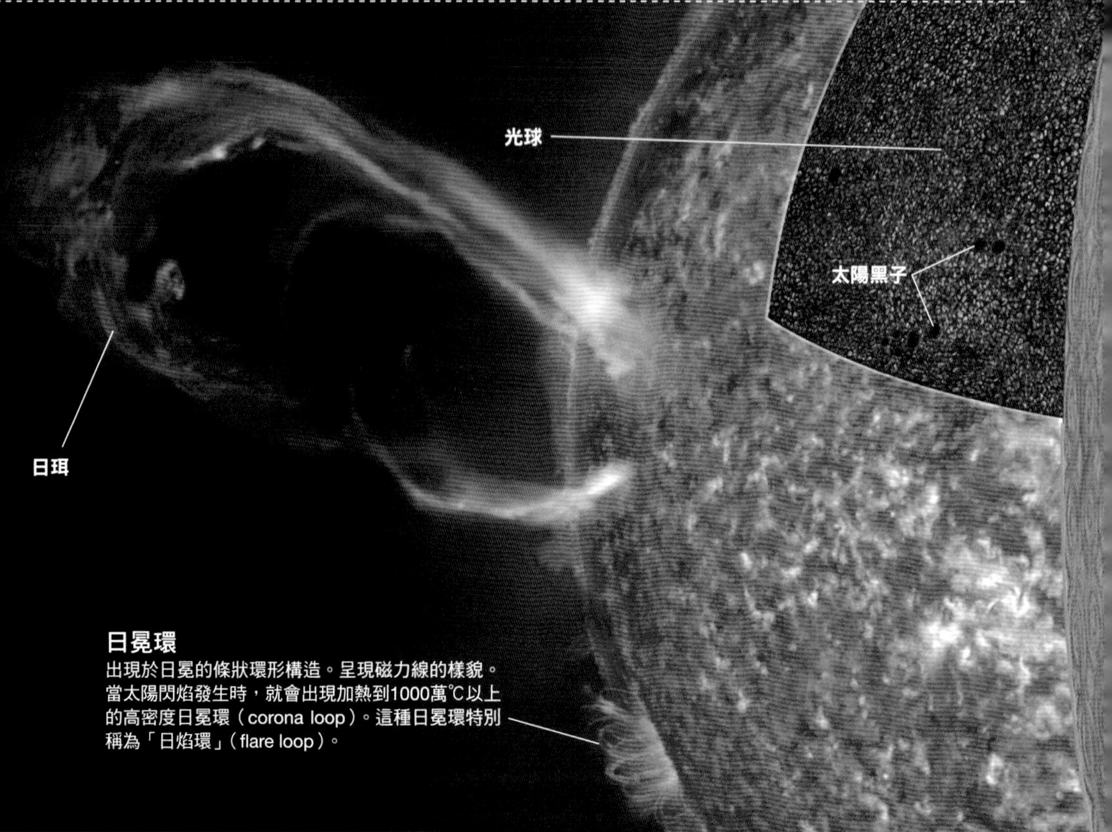

光球

太陽黑子

日珥

日冕環
出現於日冕的條狀環形構造。呈現磁力線的樣貌。當太陽閃焰發生時，就會出現加熱到1000萬℃以上的高密度日冕環（corona loop）。這種日冕環特別稱為「日焰環」（flare loop）。

太陽的內部構造

圖示為太陽的內部構造。核心發生核融合反應所產生的光，通過其外側稱為「輻射層」的區域，再往外傳送。光在輻射層受到密度極高的電漿阻礙，無法筆直行進。一般認為，在核心所產生的光，要花上數百萬年乃至1000萬年，才能抵達大約70萬公里遠的太陽表面。

日珥

施加著2400億大氣壓的超高壓力。因此，核心的溫度高達1500萬℃，核心區的氣體受到了劇烈壓縮，密度達到水的150倍左右。在這樣超高溫、超高壓的環境中，氫原子核劇烈地運動，導致原子核頻繁地互相碰撞。結果，引發了氫原子核轉變成氦原子核的核融合反應。

核心產生的能量先移動到輻射層，然後再往外側運送。輻射層的外側有對流層。對流層的內側和外側有溫度差，所以產生了對流，溫度較高的內側氣體往外側移動；相反地，溫度較低的外側氣體則往內側移動。能量便隨著這個對流，從位於表面的「光球」放射到宇宙間。

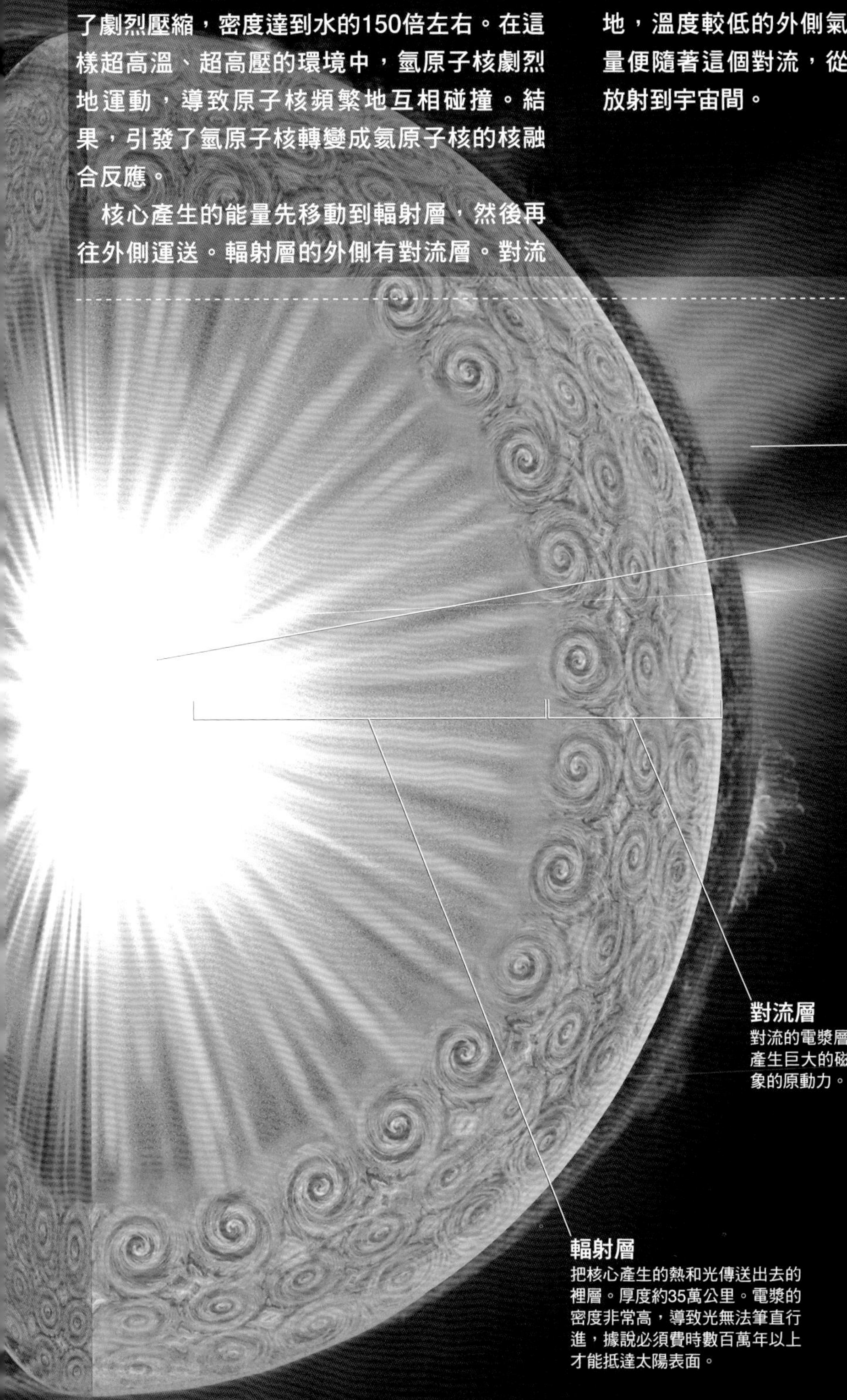

日冕

核心
太陽的中心部位。此處的氫原子發生核融合反應，產生龐大的熱和光。半徑約15萬公里。

對流層
對流的電漿層。厚度約20萬公里。產生巨大的磁場，引發各種表面現象的原動力。

輻射層
把核心產生的熱和光傳送出去的裡層。厚度約35萬公里。電漿的密度非常高，導致光無法筆直行進，據說必須費時數百萬年以上才能抵達太陽表面。

太陽風一路吹到遙遠的海王星

太陽的外表面有稀薄的「色球」和「日冕」大氣層。通常雖無法從地球上看到它們，但在日全食的時候，太陽表面（光球面）發出的光遭月球遮掩，便能看到白色明亮的日冕。

日冕的溫度非常高，超過100萬℃以上。為什麼日冕的溫度比太陽表面高出許多呢？其中的原因尚待解明。

當構成日冕的電漿氣體越往外逸，則受太陽重力及磁場的影響就越微弱，造成部分氣體擴散至宇宙間，形成「太陽風」（solar wind）。

太陽風以秒速400公里以上的超音速在太陽系間吹颺。

太陽風能抵達的範圍稱為「太陽圈」（heliosphere），一般認為太陽圈擴及海王星的外側。

太陽風也會吹颺至地球，導致磁暴和極光等等現象。

抵達地球的陽光只有22億分之1

太陽產生的能量，絕大部分以光（電磁波）的形式釋放到宇宙太空。太陽朝宇宙四面八方放出的光[※]，只有其中22億分之1的量抵達地球。這是因為地球距離太陽相當遙遠，而且個兒也遠比太陽小了許多，所以抵達地球的量只有這麼一點點。

太陽傳送到地球的光，其攜帶的能量為每1平方公尺大約1370瓦特。這個值稱為「太陽常數」（solar constant）。假設傳到地球的陽光所攜能量為100，其中有大約30遭雲和雪等反射回宇宙太空，未能為地球吸收。剩下的70使得大氣和地表（陸地及海洋）溫度升高。地球所吸收的這些光，為地球上的生物帶來極大的影響。

※：陽光帶來的能量大約為3.85×10^{26}瓦特。

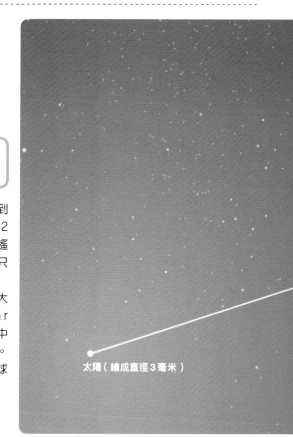

太陽（繪成直徑3毫米）

噴出的電漿

這些從太陽日冕噴向宇宙太空中的電漿，乃參考太陽觀測衛星「SOHO」拍攝的影像而繪成。

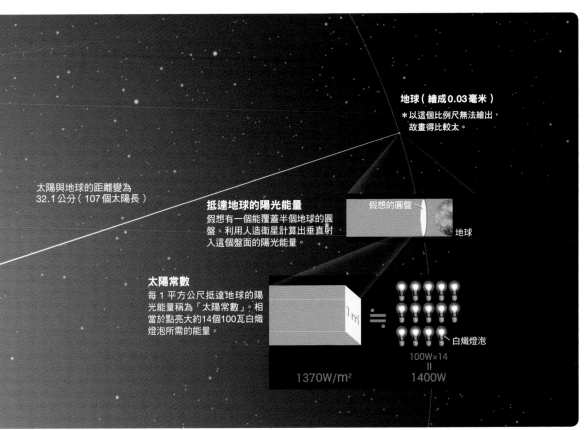

地球（繪成0.03毫米）

＊以這個比例尺無法繪出，
故畫得比較太。

太陽與地球的距離變為
32.1公分（107個太陽長）

抵達地球的陽光能量

假想有一個能覆蓋半個地球的圓盤。利用人造衛星計算出垂直射入這個盤面的陽光能量。

假想的圓盤

地球

太陽常數

每 1 平方公尺抵達地球的陽光能量稱為「太陽常數」。相當於點亮大約14個100瓦白熾燈泡所需的能量。

1 m²

白熾燈泡

100W×14
＝
1400W

1370W/m²

為揭開太陽神祕面紗而生的太陽觀測衛星

「日出號」（Hinode）是NAOJ（日本國立天文臺）和JAXA（日本宇宙航空研究開發機構）在NASA等單位協助下開發的太陽觀測衛星。該衛星於2006年9月從鹿兒島縣內之浦宇宙空間觀測所發射升空。「日出號」是日本的第3代觀測衛星，預定2030年代之後將發射後繼探測船「SOLAR-C」。

這枚探測衛星收集到的資料不只運用於研究方面，也會用於向大眾公布太空天氣預報。每天即時提供太陽閃焰的狀況及其對地磁的影響等等。這些資訊可供人造衛星的運用者，或是漁業無線電等短波無線電使用者多方應用。尤其對於駐留國際太空站的太空人來說，更是不可或缺的資訊。

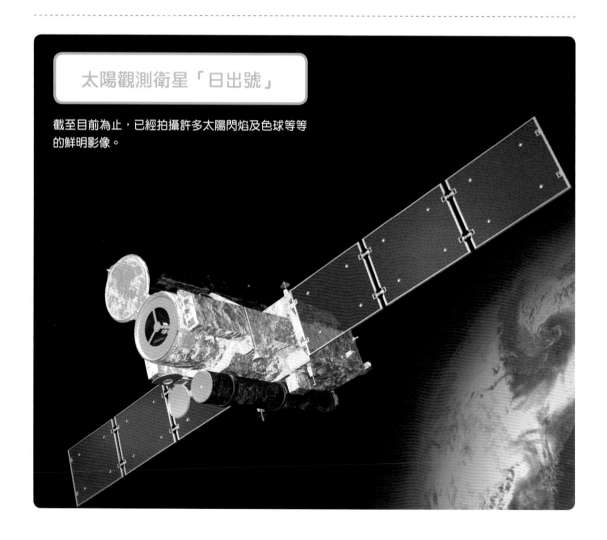

太陽觀測衛星「日出號」

截至目前為止，已經拍攝許多太陽閃焰及色球等等的鮮明影像。

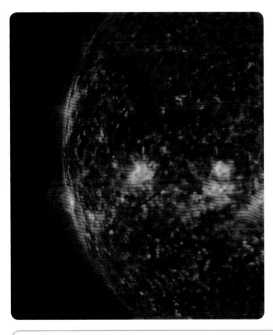
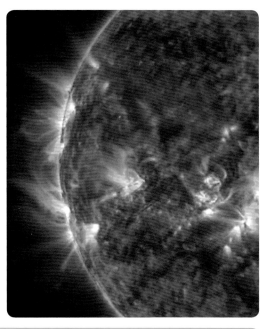

NASA太陽觀測衛星所看到的太陽

NASA太陽觀測衛星「SDO」（Solar Dynamics Observatory，太陽動力學天文臺）於2015年觀測到的太陽樣貌。利用2個不同的波長觀測太陽，能分別將不同波長下的相異特徵視覺化。

專欄 COLUMN　NASA的太陽觀測衛星「太陽軌道船」

「太陽軌道船」（Solar Orbiter）是ESA（歐洲太空總署）和NASA跨國合作開發的太陽觀測衛星。2020年2月9日從美國佛羅里達州卡納維爾角空軍基地發射升空，目的在於研究太陽及其外氣層、太陽風。這枚觀測衛星是用來補足NASA於2018年發射的「派克太陽探測器」（Parker Solar Probe），藉此觀測以往從地球、人造衛星、探測船都無法看到的太陽北極和南極。

COLUMN

黑子一減少，太陽就會稍微變暗

所 謂太陽黑子是指在太陽表面觀測到的黑色斑點區域。看起來呈現黑色，是因為該區域的溫度比太陽表面溫度低了1000到1500℃左右的緣故。

太陽活動的「11年週期」

現今已知太陽黑子的數量在不同時期會有很大的差異。發現這件事的人是19世紀的德國業餘天文學家史瓦貝（Samuel Heinrich Schwabe，1789～1875）。他長年觀測太陽，發現太陽黑子的數量會有反覆起伏的現象，從最少歷經最多再回到最少的時期，整個過程大約費時11年。現在我們稱之為太陽活動的「11年週期」。

黑子增加則太陽也愈趨活躍

如果太陽的磁力增強，黑子的數量增多，則表面的活動也會顯得更為活躍。黑子出現最多的時期稱為「太陽活動極大期」，黑子最少的時期就稱為「太陽活動極小期」。太陽的亮度在其活動極大期和極小期會有些微的變化。

太陽在極大期會稍微變亮，在極小期則會稍微變暗。

明明太陽黑子較為黝暗，但當它增多時卻會使整個太陽變亮，這是什麼道理呢？

其因在太陽黑子的周圍分布著許多稱為光斑的小斑點。光斑的溫度較其周圍高，所以顯得比較明亮。這麼多的光斑致使太陽變得更亮，蓋過太陽黑子使之變暗的程度。

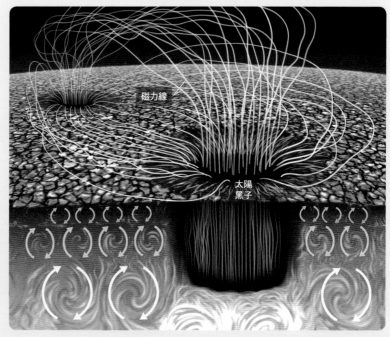

「太陽黑子」是強力磁鐵
太陽黑子具有宛如強力磁鐵般的性質。通常，太陽黑子是兩個一組成對出現，其中一個為S極，另一個即為N極。帶有電荷的電漿不易於橫越磁力線的方向上移動，所以在具有強大磁力的太陽黑子下方不容易產生電漿的對流。導致太陽深處的熱不容易傳送上來，故而溫度就比較低。

磁力線

太陽黑子

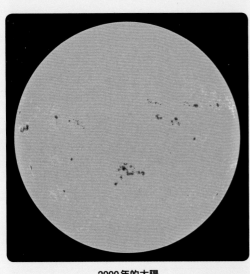

2000 年的太陽

2009 年的太陽

藉紫外線所觀察到的太陽

藉紫外線所觀察到的太陽

上圖乃由可見光所觀察到的太陽影像。看似黑色斑點的部分就是太陽黑子。下圖則是當時藉紫外線所觀測到的太陽。白色發光的部分表示它正放射出強烈的紫外線。

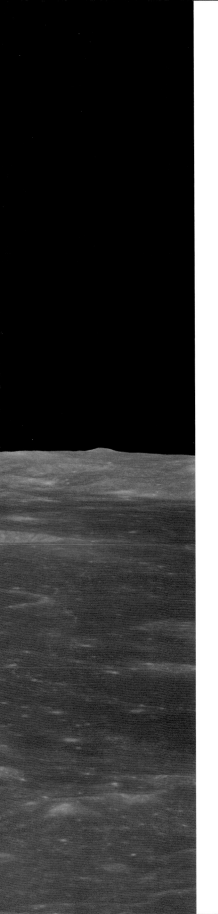

3

地球與月球

Earth and the Moon

地
球
的
基
本
數
據

太陽系中唯一
確認有生命存在的行星

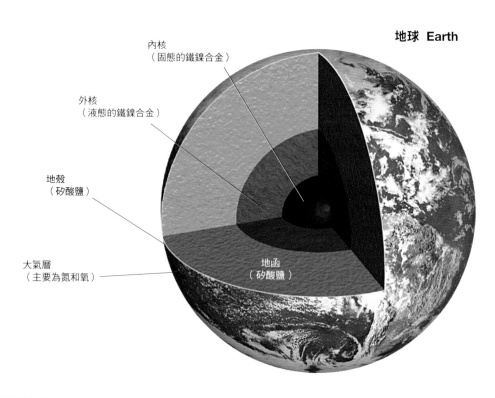

地球 Earth

內核
（固態的鐵鎳合金）

外核
（液態的鐵鎳合金）

地殼
（矽酸鹽）

大氣層
（主要為氮和氧）

地函
（矽酸鹽）

基本數據

視半徑	——
赤道半徑	6378.1km
赤道重力	9.78m/s^2
體積	約1兆km^3
質量	5.972×10^{24}kg
密度	5.51g/cm^3
自轉週期	0.9973天
衛星數	1個

依據日本國立天文臺編《理科年表2020》

水星 金星 地球 火星　穀神星（矮行星）木星　　　　　　　　　土星　　　　　　　　　　　　　天王星

太陽　 1au　　　　　　　 5au　　　　　　　　　　 10au　　　　　　　　　　　　 20au

地球是太陽系由內而外的第 3 個行星，也是太陽系中唯一確認有生命存在的行星。

地球表面有大約71%是海洋，其餘的29%是陸地。包覆著地球表面的大氣成分中，氮占78%，氧占21%。地球的表面溫度依地區和季節有所不同，從60℃到−98℃不等，但全年整體地表的平均氣溫為15℃左右。相較之下，地球的表面溫度差並不像其他行星那麼大。

在地球內部中心區域有一個由鐵和鎳等金屬構成的核心，核心外側有高溫岩石構成的地函，更外側則包覆著由淺薄岩石層構成的地殼。

雖然地球的大小在太陽系行星當中排名第5，密度卻是最大。地球是類地行星之中最重的，所以重力也很大，內部物質因大幅壓縮導致密度變大。

核心分為固態的「內核」和液態的「外核」。構成外核的熔融金屬流動產生電流，製造出地磁場，因此使得地球就像是一個巨大的磁鐵。

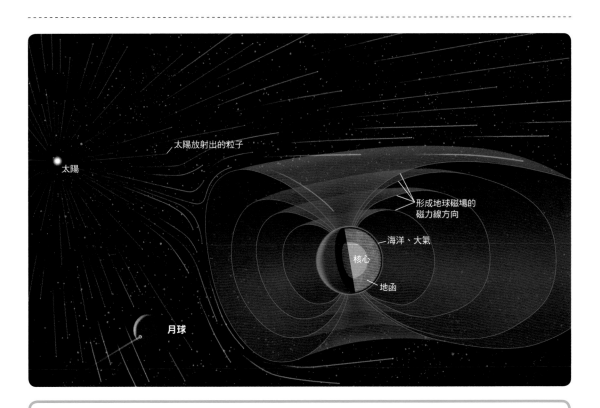

太陽放射出的粒子

太陽

形成地球磁場的磁力線方向

海洋、大氣

核心

地函

月球

遮擋太陽風的「地球磁場」

從地球N極發出並進入S極的磁力線把地球層層包裹，構成了地球的磁場。太陽放射出的粒子帶有電荷，所以在接近地球磁場時會改變行進路徑，沿著磁力線方向逸去。這讓地球免於遭到由太陽傾注而來的高速粒子「太陽風」的襲擊。

海王星

30au

冥王星（矮行星）

40au

50au

地球是液態水和陸地兼具的行星

至少，對於地球型生命來說，必要條件當中最重要的莫過於「液態水」的存在。比地球稍微更靠近太陽的金星因為距離太陽太近，其表面無法存有液態水。而緊臨地球外側公轉的火星，則是表面的水都結冰了。

行星藉火山活動而常態性地由其內部供應二氧化碳。二氧化碳所引發的溫室效應使行星保持溫暖。但若一直從其內部冒出二氧化碳，又無法適度排除的話，反而會因過度溫室效應變成灼熱的行星。

但是，如果行星擁有陸地，便會產生如下圖所示的循環，使得二氧化碳的濃度獲致調整。一般認為，這個機制在氣溫較高時會發揮強化作用，相反地，氣溫較低時則作用會減弱。整個表層全都被水覆蓋的行星，這個「自動調節功能」可能無法發揮作用，導致液態水能夠存留的時間無法長期持續。

CO_2
二氧化碳

Ca
鈣

$CaCO_3$
成為碳酸鈣
而沉澱

和板塊一起
沉入地球內部

板塊沉沒

CO_2

Ca

板塊沉沒

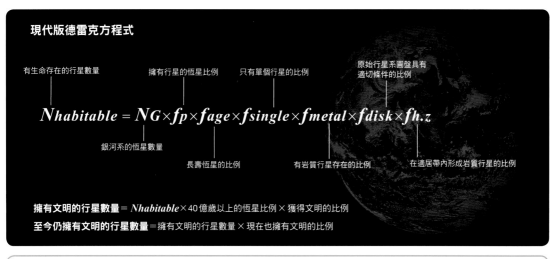

現代版德雷克方程式

有生命存在的行星數量

擁有行星的恆星比例

只有單個行星的比例

原始行星系圓盤具有適切條件的比例

$$Nhabitable = NG \times fp \times fage \times fsingle \times fmetal \times fdisk \times fh.z$$

銀河系的恆星數量

長壽恆星的比例

有岩質行星存在的比例

在適居帶內形成岩質行星的比例

擁有文明的行星數量 = $Nhabitable \times$ 40億歲以上的恆星比例 × 獲得文明的比例

至今仍擁有文明的行星數量 = 擁有文明的行星數量 × 現在也擁有文明的比例

還有其他「有生命存在的行星」嗎？

在此銀河系裡只有一個像地球這樣的行星嗎？美國天文學家德雷克（Frank Donald Drake，1930～）於1961年提出一道方程式的構想，用來計算「存在於銀河系中具通訊能力之地球外文明的數量」。這道方程式現在稱為「德雷克方程式」（Drake equation）。把這道半世紀前提出的方程式加上現今知識，即成為上圖所示的「現代版德雷克方程式」。圖中所謂的適居帶（habitable zone），是指宇宙中適合生命生存的區域。然「現代版德雷克方程式」不考慮文明是否繁榮，反而著重在生命能夠存在的行星有多少個。根據這道方程式的計算結果，在銀河系的恆星系之中，有6.25%能夠有生命存在。事實上，這個比例代表每16個恆星系當中就有1個可能有生命存在，以這個觀點來看，可以說「滿足生命存在條件的行星」絕對不在少數。

一部分成為氣體，藉由火山活動進入大氣

CO_2

因為擁有陸地而得以調整二氧化碳的濃度

藉降雨等浸蝕作用從陸地溶出鈣等物質，這些物質與二氧化碳（CO_2）結合成為碳酸鈣，沉澱到海底。然後，藉由「板塊運動」沉入地球內部。擁有陸地的行星就是利用這樣的機制，持續排除大氣中的二氧化碳，所以能使行星的氣溫保持穩定。

不停變動的地球面貌

地球誕生的時間是距今46億年前左右。當時地球的面貌和現在完全不同。小天體經常撞上地球，導致地球表面岩漿海遍布。後來，小天體的碰撞逐漸減少，地球才緩緩地冷卻下來。

大氣中的水蒸氣化為雨水降落地表，匯聚成海。二氧化碳溶入剛誕生的海洋，變成石灰岩固定下來。一般認為，在至少大約38億年前，地球上誕生了海洋和最初的生命。

利用來自太陽的能量進行光合作用的生物出現，開始造出氧氣。在大約24億年前，由於大氣中的二氧化碳遭到大量吸收，環境變得越來越寒冷，最後整個地球都結冰了。除此之外，在 7 億到 6 億年前，地球上大部分地區可能也都曾經結冰。

其後，冰融化，地球充滿了生命。但是後來也發生過好幾次生命大量滅絕的事件。其中一次就是在大約6550萬年前，可能源於小行星撞上地球，造成當時稱霸整個地球的恐龍全數絕種。

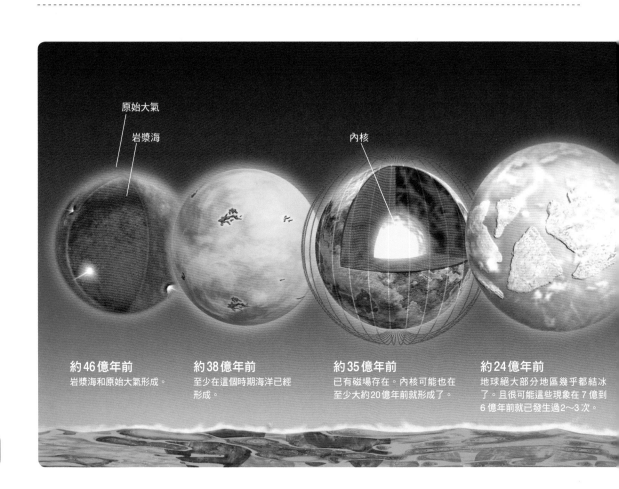

原始大氣

岩漿海

內核

約46億年前
岩漿海和原始大氣形成。

約38億年前
至少在這個時期海洋已經形成。

約35億年前
已有磁場存在。內核可能也在至少大約20億年前就形成了。

約24億年前
地球絕大部分地區幾乎都結冰了。且很可能這些現象在 7 億到6 億年前就已發生過2～3次。

地
球
的
面
貌

生命在地球誕生，越來越多樣化

一般認為，地球至少在大約38億年前就已經有最初的生命誕生了。早期的生命形式都屬「原核生物」，到了大約
21億年前，才開始出現迥異的「真核生物」。此生命形式擁有稱為「核」的器官，以膜包覆著記錄自己基因訊息
的DNA。

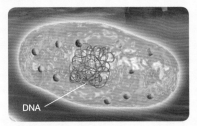

DNA

原核生物
不具為核膜所包覆的核，DNA（去氧核醣核酸）
裸露於外。

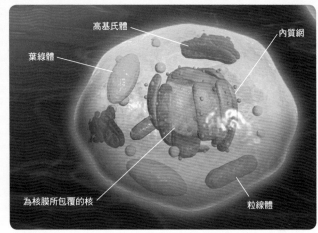

高基氏體

內質網

葉綠體

為核膜所包覆的核

粒線體

真核生物

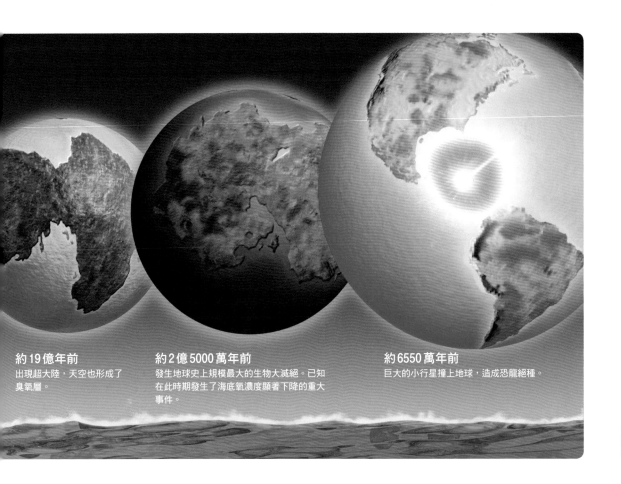

約19億年前
出現超大陸，天空也形成了
臭氧層。

約2億5000萬年前
發生地球史上規模最大的生物大滅絕。已知
在此時期發生了海底氧濃度顯著下降的重大
事件。

約6550萬年前
巨大的小行星撞上地球，造成恐龍絕種。

陽光和地球自轉造就出西風

氣 體和液體在有溫度差的時候會發生對流。包覆著地球的大氣也一樣會發生對流。大致上來說，溫暖的空氣從赤道附近流向極區，相反地，極區附近的冷空氣會降到赤道附近，造成大氣循環。

　　但實際的大氣流動更為複雜。為什麼呢？因為地球在自轉。在做著旋轉運動的地球上，固定往南或往北移動的大氣會往地球的自轉方向偏轉，這稱為「科氏力」（Coriolis force）。在北半球，大氣向右偏轉。而且，緯度越高科氏力就越強。這個影響造成中緯度地區吹起強烈的西風，赤道附近則吹著平穩的東風，也稱為信風（亦即貿易風）。

　　因為赤道附近和極區之間的溫度差，使得西風呈南北蛇行的走勢吹颳。藉著蛇行，在南側受熱、北側放熱，發揮將熱自南方運往北方的功能。但是，如果蛇行的幅度過大，原本強勁的西風反而會減弱，有時甚至造成異常氣象。

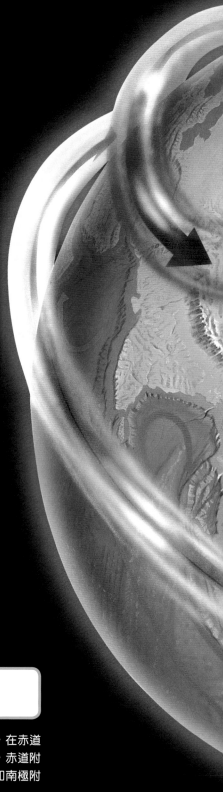

大氣循環模型

地表每個單位面積從太陽接收到的能量，在赤道附近最大，北極和南極附近最小。因此，赤道附近的大氣受熱而產生上升氣流，在北極和南極附近則產生下降氣流。

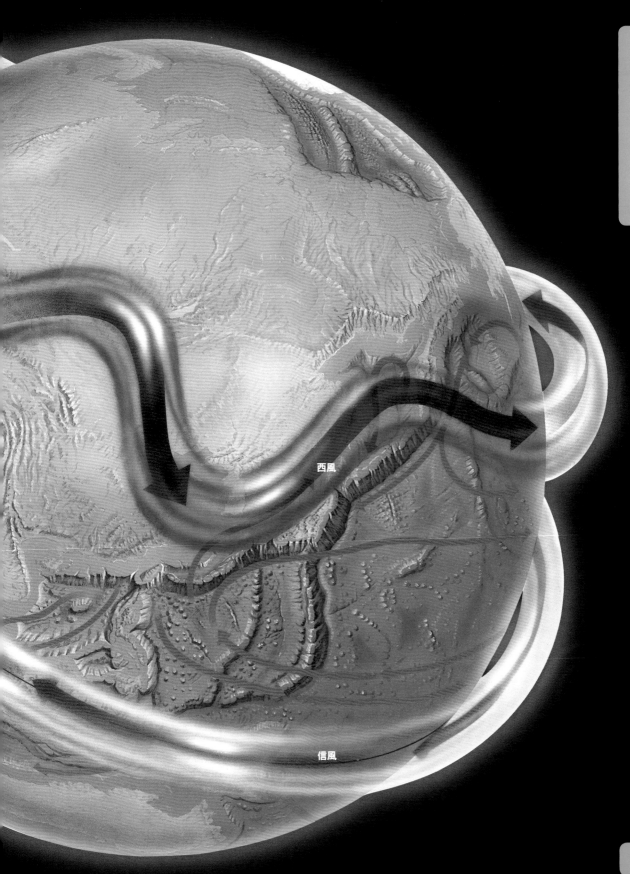

西風

信風

陽光引發
海洋大循環

海洋運動和大氣運動一樣,對地球環境有重大的影響。海洋的這個運動即稱為「海洋大循環」。

海洋大循環的原動力在海水表層和深層部分有相當的差異。海面吹颺的風,其所造成的作用影響深及海中數百公尺。

風是因為陽光和地球自轉而產生的。

另一方面,海中深層部分,海水溫度和鹽

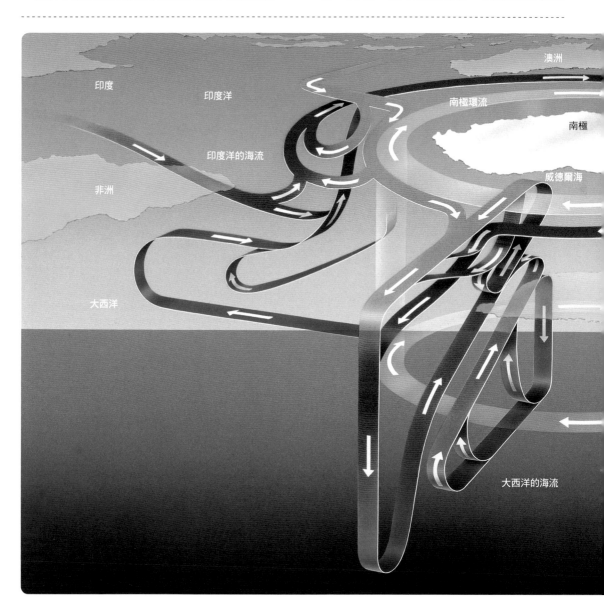

印度

印度洋

印度洋的海流

非洲

大西洋

澳洲

南極環流

南極

威德爾海

大西洋的海流

分濃度相關。在低溫且鹽分濃度較高的極區，海水的密度比較大，所以會往深層下沉。往深層下沉的表層水會擠壓原有的深層水至深海。極區（包括北極、南極、緯度66.5度以下的地區）的海水鹽分濃度之所以較高，是因為凍成海冰導致海水的鹽分濃度提高了。

不論是海上的大氣循環也好，或是海水的溫度差也罷，都和陽光有關。也就是說，海洋大循環也受到陽光的影響。

由於這些作用而發生的海洋大循環，是以非常緩慢的步調在進行，一般認為海水巡迴地球一圈得耗時1500年左右。

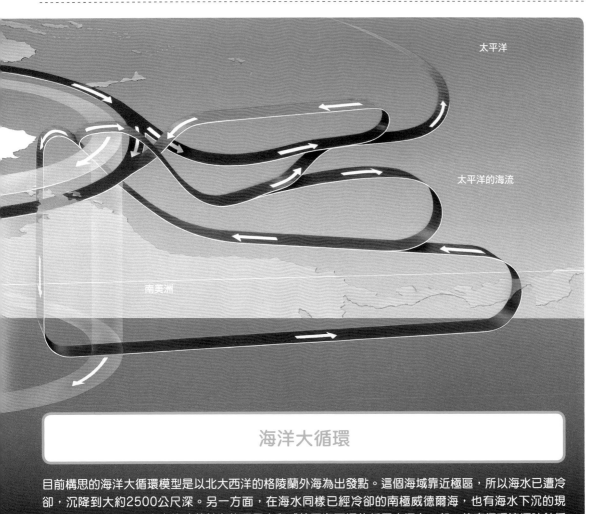

海洋大循環

目前構思的海洋大循環模型是以北大西洋的格陵蘭外海為出發點。這個海域靠近極區，所以海水已遭冷卻，沉降到大約2500公尺深。另一方面，在海水同樣已經冷卻的南極威德爾海，也有海水下沉的現象。在南極環流中，來自格陵蘭外海的深層水和威德爾海下沉的低層水混在一起，使南極環流順時針循環，部分流入印度洋及太平洋的深海中。流入印度洋和太平洋的深層水會逐漸浮上表層，回流到格陵蘭外海。

23.4度的傾斜
造成四季

地球不只在太陽周圍繞轉（公轉），本身也在旋轉（自轉）。地球有晝夜之分，就是因為地球在自轉。自轉運動是以地軸為中心自我旋轉，但這個地軸相對於地球公轉面的垂線，大約傾斜23.4度。四季，亦即季節的變化，就是源於這個地軸的傾斜。

地球如何公轉

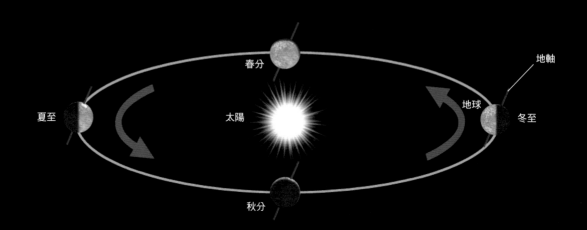

春分

夏至

太陽

地軸

地球

冬至

秋分

影響季節變化最大的因素在於地表接收的能量多寡，也就是太陽高度和日照時間。以北半球來說，夏至太陽的中天高度（meridian altitude，太陽來到觀測點子午線時的高度）最高，日照時間也最長，所以這一天地表接收到的太陽能量是一年當中最多的一天。相反地，冬至那天的中天高度最低，日照時間最短，所以接收到的太陽能量在一年當中為最少。

但是，夏至那天不見得是一年之中最熱的日子。為什麼呢？因為太陽能量要先將地表加熱，然後暖和的海洋及地面把熱輻射出來，才使大氣變得溫暖。所以，在氣溫變化之前，會有1～2個月的時間差。

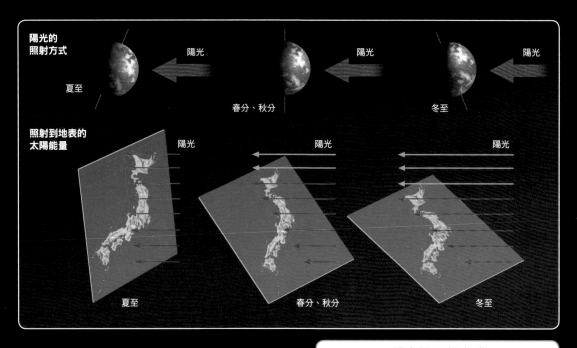

陽光的照射方式

陽光的照射方式

夏至

春分、秋分

冬至

照射到地表的太陽能量

陽光

陽光

陽光

夏至

春分、秋分

冬至

陽光的照射方式

圖上半顯示冬至、春分、秋分、夏至的時候，陽光照射地球的情況。再者，圖下半則顯示該時期照射到日本地表的太陽能量。冬至當天太陽的中天高度最低，地表每單位面積接收到的能量最少。相反地，夏至當天太陽的中天高度最高，地表面每單位面積接收到的能量最多。

地球唯一的衛星 「月球」

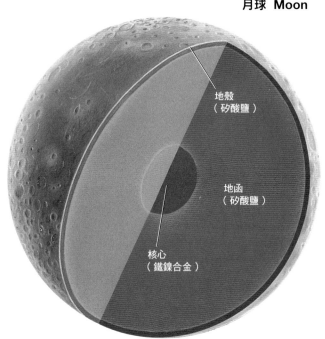

月球 Moon

正面的地殼厚度是30～60公里，背面的地殼則稍微厚一些。地殼下方的地函達到1200～1500公里的深度。中心可能有個核心。

地殼
（矽酸鹽）

地函
（矽酸鹽）

核心
（鐵鎳合金）

基本數據

視半徑	15' 32".28（平均）
赤道半徑	1737.4km
赤道重力	地球的0.17倍
體積	地球的0.0203倍
質量	地球的0.0123倍
密度	3.34g/cm³
自轉週期	27.3217天

依據日本國立天文臺編《理科年表2020》

水星　金星　地球　火星　穀神星（矮行星）木星　　　　　　　土星　　　　　　　　　　天王星

太陽　　1au　　　　　　　5au　　　　　　　　　10au　　　　　　　　　　20au

月球是唯一環繞地球運行的衛星。太陽系的行星當中，只有在地球軌道內側運行的水星和金星沒有衛星。另一方面，在地球軌道外側繞日運行的行星全都擁有多個衛星。

月球的大小約為地球的4分之1，質量只有地球的80分之1左右。雖然平均密度比地球低，但內部構造可能差不了多少。

月球表面有許多碗狀的凹陷地形，稱為「隕石坑」（crater）。這些是隕石撞擊的痕跡，之所以有許多隕石坑，是因為月球沒有大氣導致大量隕石撞擊地表，再加上風雨的侵蝕，使得地形凹凸不平。

正如地球會自轉和公轉，月球也會自轉和公轉。月球自轉和公轉的週期大約都是27天，因此總是以同一個面朝向地球。故在地球上看不到月球的背面。此外，月球本身不會發光，地球上所看到的月亮乃反射陽光而呈現的樣貌。

月球正面　　　　　　　　　　月球背面

月球正面和背面的樣貌大不相同

從地球觀測月球的正面，可以看到有某些區域比較明亮，另有些區域則較為陰暗。隕石坑較少且看起來較為暗黑的地方，是早期大規模熔岩流填埋造成的地形，稱為「月海」（mare）。圖右的「月球背面」是依據美國月球探測船「克萊門汀號」（Clementine，執行深太空計畫科學實驗的任務）的影像合成而得。幾乎沒有月海存在，布滿無數的隕石坑。

海王星　　　　　　　　　　　　冥王星（矮行星）
●　　　　　　　　　　　　　　●
30au　　　　　　　　　　　　40au　　　　　　　　　　　　50au

月球的形成肇因於大規模的碰撞

地球的月亮究竟是如何誕生的呢？關於這個議題，可謂眾說紛紜。

有人提出「兄弟說」，主張在原始行星系圓盤之中，月球與地球在同一個時期誕生；另有人則提出「親子說」，主張月球是在地球誕生後某些部分自原始地球脫離而形成；然也有人提出「外人說」，認為月球原本是個小天體，在通過地球近旁時遭其重力攫獲所致。目前，公認最有力的說法則是「大碰撞說」（giant impact hypothesis）。

大碰撞說主張，太陽誕生大約 1 億年後，來到地球即將要形成的最後階段，此刻的地球卻與一個大小和火星差不多的原始行星發生碰撞，撞擊出來的碎片後來再度聚集形成月球。

這一個假說能夠圓滿地說明地球地函和月球的岩石的形成年代一致，以及月球作為地球衛星顯然體積過大等疑問，所以廣獲一般認同。

此外，大碰撞這個詞原本專指月球形成時發生的天體碰撞，現在則已普遍使用於原始行星彼此間的碰撞。

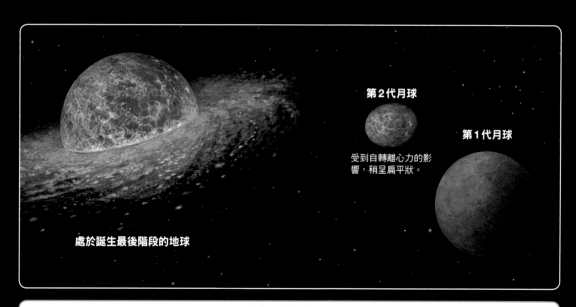

第2代月球

受到自轉離心力的影響，稍呈扁平狀。

第1代月球

處於誕生最後階段的地球

月球或許曾歷經兩代

在地球形成之前，可能發生過數次至10來次原始行星彼此間的碰撞。依此推測，月球或許曾經形成過2～3次。假設曾經形成多個月球，那麼其他月球跑到哪裡去了呢？一般認為有兩個可能性。其中一個可能性是，在第 2 代月球形成之際，大碰撞的衝擊使得地球軌道稍微偏離，導致第 1 代月球脫離了環繞地球的軌道。另一個可能性則是，曾經有一段時期第 1 代和第 2 代月球同時存在，但後來兩者合併成一個。

不過，截至目前並未發現具體的證據，顯示月球確實曾形成過好幾次。

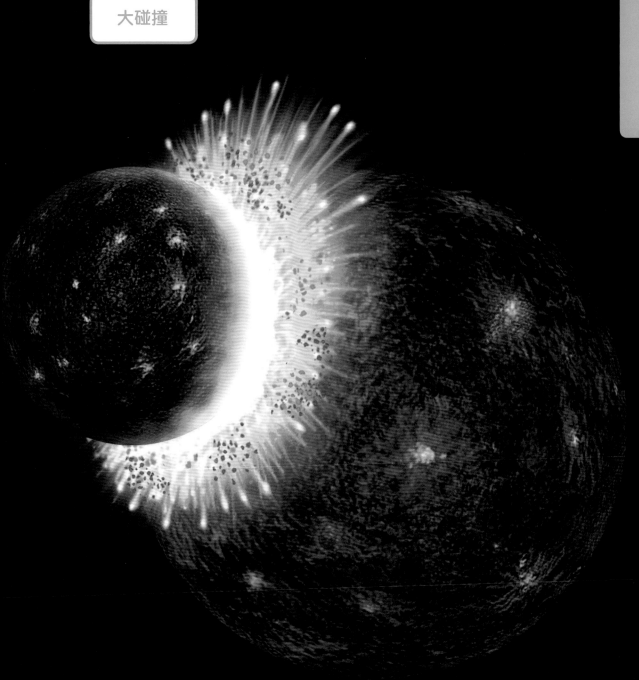

大碰撞

陽光造成的月球陰影 每天都有變化

月球之所以會發生盈虧,是因為月球、地球和太陽三者之間的位置關係,導致地球上看到陽光照射月面的部分一直在變化。例如,當月球剛好來到地球和太陽之間的時候,地球上只能看到黝暗的陰影,所以月球就消失不見,這稱為「朔」或「新月」。

一方面,當地球剛好來到月球和太陽之間的時候,地球上能夠看到太陽所照耀的整個月面,這稱之為「望」或「滿月」。此外,新月到滿月之間的月亮稱為「上弦月」,從滿月到新月之間的月亮稱為「下弦月」。從新月歷經上弦月、滿月、下弦月乃至再度回到新月,這樣的一個週期稱為「朔望月」,大約是29.5天。

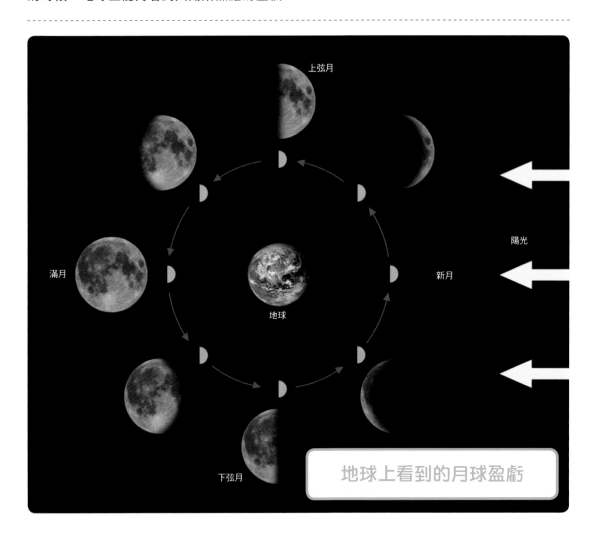

地球上看到的月球盈虧

專欄
COLUMN

農曆日期和月亮的形狀

日常生活中使用的日曆分為國曆和農曆。國曆是依據太陽的運動而制訂的日曆，也稱為「陽曆」。而農曆是以月亮的盈虧為基礎，再加上太陽的運動修補而成的日曆，屬於「陰陽合曆」，但一般稱為陰曆，會稱農曆則是因為古代用來作為農業活動的重要參考。農曆是以新月的日子作為每個月的第一天（初一）。從新月到下一次新月的週期是29.5天左右，所以12個月為354天左右，比一年的天數（365天）少了大約11天。因此，農曆會在日曆和季節相差將近一個月的時候，加入「閏月」進行調整。所以有些年度為12個月，某些年度則會有13個月。

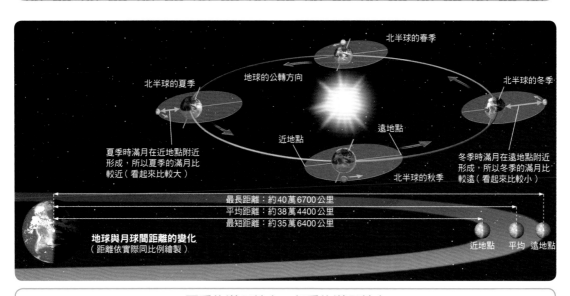

夏季的滿月較大，冬季的滿月較小

月球軌道並非正圓，而是橢圓形。因此，月球的軌道上會有距離地球最近的位置（近地點）和最遠的位置（遠地點）。月球軌道的形狀每年都有些微的變化，但一年當中不會有太大變化。

月球和太陽的引力造成潮水漲落

在　海岸等處，可以看到海面週期性地漲落。例如，退潮時波浪線逐漸往遠處的淺海退去，最終達到乾潮（低潮）；相反地，漲潮時海面會越來越高，逐漸淹過岩岸等處，最終達到滿潮（高潮）。這樣的潮水漲落即稱為「潮汐」。

潮汐是受到太陽和月球引力的影響所致。把地球和月球連成一條線，則兩者的共同重心就在這條線上距離地球中心大約4600公里的位置。地球和月球便是以這個共同重心為中心，進行互相繞轉的運動，稱之為「地球和月球的公轉」，而這也使得地球在背離月球的方向上產生了離心力。在地球的任何地方，這個離心力大小都相同。

此外，地球在面朝月球的方向上會受到月球引力的影響。在背離月球的一側，公轉造成的離心力比較大，而在面朝月球的一側，則是月球的引力比較大。月球引力與離心力這兩個力的差異就是引發潮汐的原動力，稱為「潮汐力」或「起潮力」。由於潮汐力的作用，面朝月球的同側及其反側會漲潮，聚集的海水比其他地方多。這就是潮汐漲落的機制。

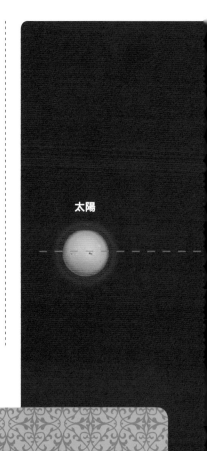

太陽

專欄 COLUMN 一天2次的潮汐漲落

地球和月球是以兩者連成直線後位於線上的共同重心為中心，並相互繞轉，這稱為「地球和月球的公轉」。這使得地球在背離月球的方向上產生離心力，另外，在面朝月球的方向則有月球的引力作用。在背離月球的一側，離心力稍微大一點，在面朝月球的一側，則是月球的引力稍微大一點，這個差異成為引發潮汐的原動力，稱為「潮汐力」。再者，由於地球的自轉，一個地方在一天之內通常會發生2次滿潮和乾潮。

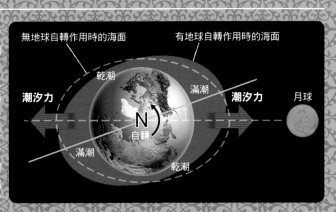

無地球自轉作用時的海面　　有地球自轉作用時的海面

乾潮

滿潮

潮汐力　　　　　　　　　　　　潮汐力　　月球

N

自轉

滿潮

乾潮

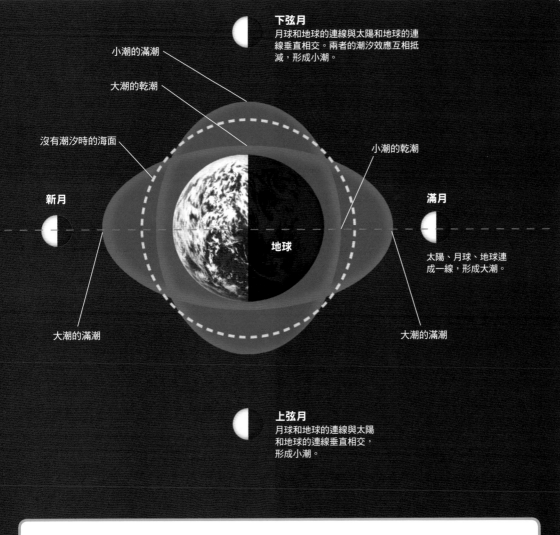

下弦月
月球和地球的連線與太陽和地球的連
線垂直相交。兩者的潮汐效應互相抵
減，形成小潮。

小潮的滿潮

大潮的乾潮

沒有潮汐時的海面

小潮的乾潮

新月

滿月

地球

太陽、月球、地球連
成一線，形成大潮。

大潮的滿潮

大潮的滿潮

上弦月
月球和地球的連線與太陽
和地球的連線垂直相交，
形成小潮。

月球、太陽、地球的位置關係造成大潮和小潮

太陽、月球、地球都位於同一條直線上時，不是滿月就是新月，這時除了月球引力造成的潮汐力，還要
再加上太陽影響而產生的潮汐力，故會出現最大的潮差，稱為「大潮」。另外，當太陽以地球為中心來
到與月球成直角關係的位置時，因受到月球與太陽這兩者影響而分別產生的潮汐力會互相抵減，導致潮
差達到最小的程度，稱為「小潮」。

由於太陽、地球、月球的位置關係造成日食和月食

如 果地球進入到太陽和月球之間，月球會被地球的影子遮住而發生虧食的現象，此稱為「月食」。月食是太陽、地球、月球依序排成一直線時發生的現象，所以只能在滿月的夜晚看到。

月球的軌道相對於太陽軌道傾斜大約5.1度，所以整個月球都被遮蔽的「月全食」，一年會發生1～2次左右。即使算上部分月球遭到遮蔽的月偏食，一年也大約只會發生2～3次而已。發生月食的時候，月亮從左（東）側開始虧食，然後虧食的部分逐漸擴大。

月球、地球、太陽依循特定排列方式時會發生的現象，除了月食之外還有日食。

日食發生在太陽、月球、地球依序排成一直線的時候。月球進入到太陽和地球之間，擋住陽光、遮蔽太陽，所以發生日食現象。部分太陽遭到遮蔽時稱為「日偏食」，整個太陽全遭遮蔽則稱為「日全食」。

此外，還有一種日食景象稱為「日環食」。日環食和日全食一樣，太陽全遭月球遮蔽，但不同之處是在月影周圍可以看到圈狀的太陽光環。

月食

月球環繞地球運行的軌道並非正圓，形狀偏向扁長。發生日食的時候，如果月球比較接近地球，月球的目視大小就會比較大，所以出現日全食；反之，如果月球離得比較遠，就會出現日環食。

日全食

日環食

發生月食的原因

當太陽、地球、月球依序排成一直線時，稱為望（滿月）。望的時候，如果月球特別接近黃道面（太陽的路徑），便會進入地球的陰影中而顯得黝暗，這個現象稱為月食。但即使進入地球陰影中的半影裡也不會顯得十分黝暗，這稱為半影月食；但若進入到本影裡，就會形成月食。只有部分進入稱為月偏食，全部進入則稱為月全食。

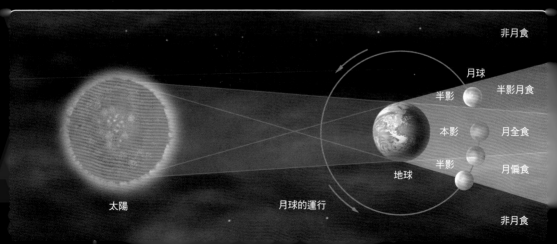

非月食

月球

半影　　半影月食

本影　　月全食

地球　　半影　　月偏食

太陽　　　月球的運行

非月食

人類首次站上月球表面的「阿波羅計畫」

人類於1969年7月20日首次站上月球的表面。

太空開發的歷史是從發射人造衛星開始起步的。1957年，前蘇聯（現在的俄羅斯）發射人類史上第一顆人造衛星「史普尼克1號」（Sputnik 1）。接著，1961年4月12日太空人加加林（Yuri Alekseyevich Gagarin，1934～1968）搭乘「東方1號」（Vostok 1）完成首次載人太空飛行。於是月球表面探測活動次第展開，前蘇聯的月球探測船「月球9號」（Luna 9）成功地在月面軟著陸。

1961年，在太空開發競賽中始終落後前蘇聯一步的美國，發布載人登陸月球的「阿波羅計畫」（Project Apollo）。並在1969年7月16日發射「阿波羅11號」，抵達距地球38萬公里之遙的月球。搭乘登月小艇「小鷹號」（Eagle）的指揮官阿姆斯壯（Neil Alden Armstrong，1930～2012）和太空人艾德林（Buzz Aldrin，1930～）在月面上踏出了歷史性的第一步。

兩位太空人大約在月面停留21個半小時，進行2小時31分鐘的艙外活動。當時的景象也透過電視轉播傳遍全世界。

月球表面上的景象

站在月面的太空人艾德林。在他右前方可看到登月小艇「小鷹號」。這是指揮官阿姆斯壯所拍攝的照片。

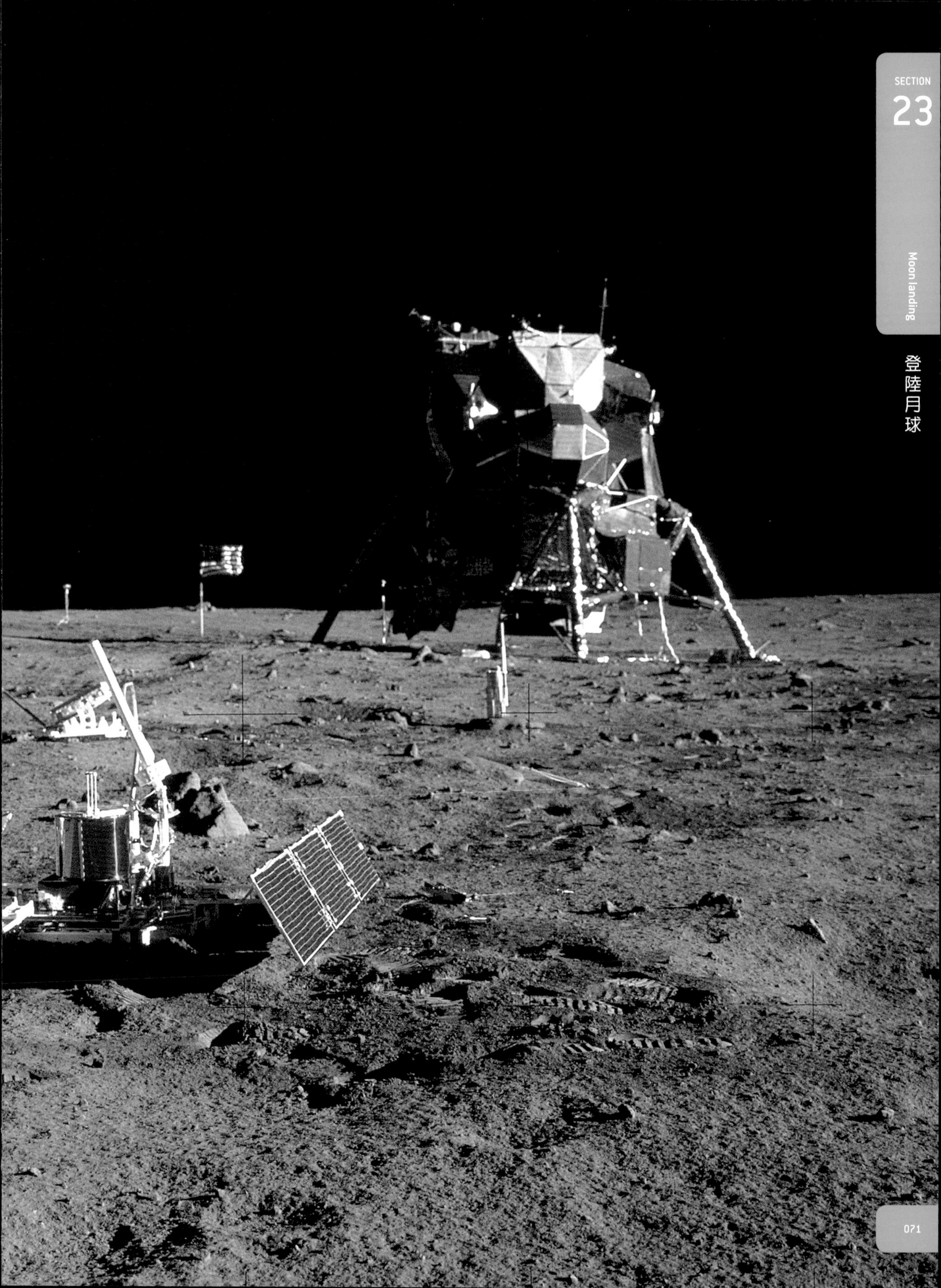

月面探測器所揭露的月球面貌

飛 往月球的探測船除了NASA所屬之外，還有ISRO（Indian Space Research Organisation，印度太空研究組織）於2008年發射的月球探測船「月船2號」（Chandrayaan-2），以及2019年首度於月球背面著陸的中國探測船「嫦娥4號」等等。

日本的月球環繞衛星「輝夜號」（月亮女神號，KAGUYA）於2007年9月14日從種子島發射升空。「輝夜號」的主要任務是取得與月球起源及演化相關的科學數據，並投入月球環繞軌道、進行軌道姿勢控制技術的實證。

「輝夜號」由主衛星及2枚子衛星「老翁號」（中繼衛星，OKINA）及「老嫗號」（VARD衛星，OUNA）組成。「老翁號」於2009年2月12日墜落於月球背面，結束月背重力場觀測任務。「老嫗號」也在進行各種月球觀測之後，於2009年6月11日刻意控制墜於月球正面，結束任務。

USGS（美國地質調查局）統合了自NASA及JAXA等機構收集來的地形資料，於2020年發表月面地質圖。比例尺為500萬分之1，按不同顏色呈現地形及地質等資訊。藉由這次統合，把以往不同地圖上標示的散亂名稱及地質分類等予以統一。

月球勘測軌道飛行器

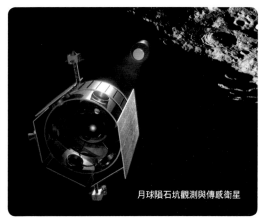

月球隕石坑觀測與傳感衛星

探測器與環繞衛星

上左為NASA用於製作月面詳細地形圖的月球環繞探測衛星「月球勘測軌道飛行器」（LRO，Lunar Reconnaissance Orbiter），上右同為NASA的探測器「月球隕石坑觀測與傳感衛星」（LCROSS，Lunar Crater Observation and Sensing Satellite），用於觀測隕石坑。右為日本的月球環繞衛星「輝夜號」。

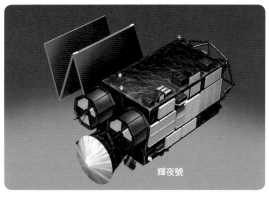

輝夜號

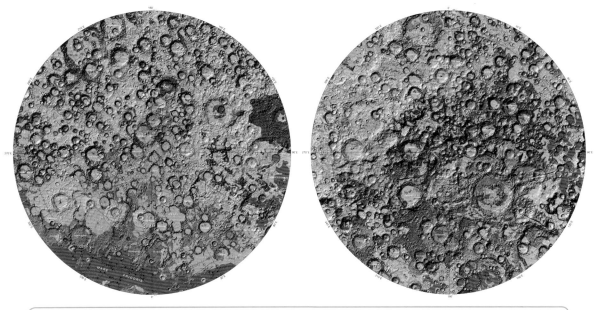

月面地質圖

USGS與NASA及LPI（美國月球與行星研究所）合作製作的「月面地質圖」。這幅地質圖統合了NASA在「阿波羅計畫」獲取的資訊、NASA的月球環繞探測衛星「月球勘測軌道飛行器」收集的地形資料，以及JAXA的月球環繞衛星「輝夜號」所量測得的資料等等。

月面上的山峰

「月球勘測軌道飛行器」於2009年所攝之月面上的山峰影像。

COLUMN

月球並非環繞地球運行？

月球是地球的衛星，所以會環繞著地球運行。但實際上地球也環繞著太陽運行，所以月球遂隨著地球一起環繞太陽運行。

月球環繞著太陽蛇行？

如果把地球和月球兩者的公轉週期合併考量，則月球會是像右上圖所示，在地球的公轉軌道上彎來彎去地繞著太陽蛇行。不過，這只是示意圖，彼此之間的距離與大小並不符真實狀況。

更接近實際情況的場景如左下圖所示。觀察圖示可知，月球幾乎沒有蛇行。月球只有在來到離太陽最遠的位置時，它的軌道才會出現大幅度的彎曲。

月球的軌道會是12或13邊形

月球不只受到地球的吸引，也受到太陽引力的影響。以地球為基準，當月球來到與太陽反側的另一邊時，所受到的地球與太陽引力之作用方向相同，就會造成月球軌道大幅彎曲。相反地，當月球來到太陽與地球的中間時，由於地球與太陽引力的作用方向相反，兩相抵消的結果就是月球軌道幾乎不會彎曲。考量太陽引力的作用，月球軌道的形狀將呈圓角的12或13邊形。

滿月

地球

太陽

月球軌道

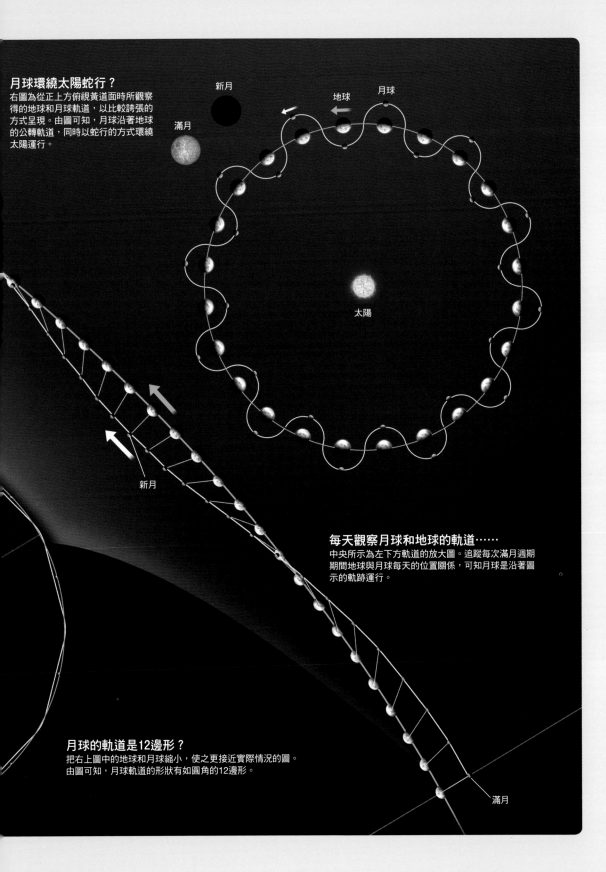

月球環繞太陽蛇行？

右圖為從正上方俯視黃道面時所觀察得的地球和月球軌道，以比較誇張的方式呈現。由圖可知，月球沿著地球的公轉軌道，同時以蛇行的方式環繞太陽運行。

新月

滿月

地球　月球

太陽

新月

每天觀察月球和地球的軌道……

中央所示為左下方軌道的放大圖。追蹤每次滿月週期期間地球與月球每天的位置關係，可知月球是沿著圖示的軌跡運行。

月球的軌道是12邊形？

把右上圖中的地球和月球縮小，使之更接近實際情況的圖。由圖可知，月球軌道的形狀有如圓角的12邊形。

滿月

4

類地行星

Terrestrial planets

水星的基本數據

在太陽系最內側繞行的行星「水星」

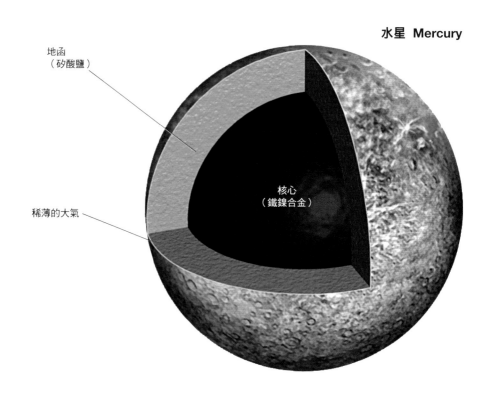

水星 Mercury

地函
（矽酸鹽）

核心
（鐵鎳合金）

稀薄的大氣

基本數據

視半徑	5".49
赤道半徑	2439.7km
赤道重力	地球的0.38倍
體積	地球的0.056倍
質量	地球的0.05527倍
密度	5.43g/cm^3
自轉週期	58.6462天
衛星數	0個

依據日本國立天文臺編《理科年表2020》

水星 金星 地球 火星　穀神星（矮行星）木星　　　　　　　　　土星　　　　　　　　　　　　　天王星

太陽　1au　　　　　　5au　　　　　　　　10au　　　　　　　　20au

水 星是太陽系當中位於最內側環繞運行的行星。

太陽系的 8 個行星當中，水星的大小敬陪末座，但平均密度為每 1 立方公尺5430公斤，是繼地球之後的第 2 名。

水星的重力很小，只有地球的0.4倍左右，所以無法像地球那樣壓縮內部物質。即使如此，水星仍然具有與地球不相上下的密度，是因為它擁有一個以高密度鐵為主要成分的核心，這個核心占其半徑的70%。

水星具有磁場，自轉週期大約59天，公轉週期大約88天。與公轉週期相比，自轉週期非常長。自轉週期長代表一天（從黎明到下次黎明）非常長。水星每繞太陽公轉 2 周，才自轉 3 周，而地球每繞太陽公轉 1 周就自轉大約365周。由此可知，水星的自轉週期相對於公轉週期有多麼漫長。白晝與夜晚的溫度差相當劇烈，白晝溫度會上升到大約430℃，夜晚溫度會降到－200℃左右。

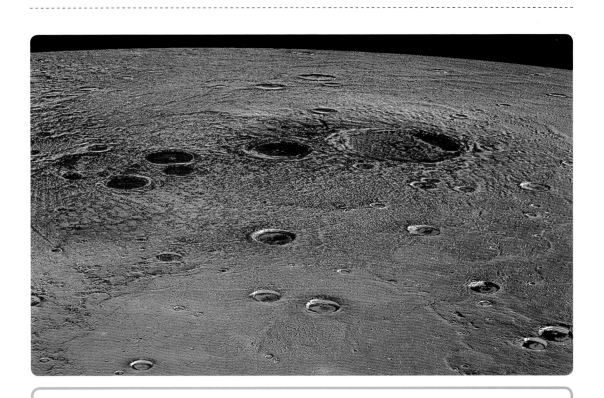

灼熱的水星上有水冰

水星上分布於北極和南極的隕石坑，由於其邊緣拱起的部分遮蔽了來自正側面的陽光，以致形成陽光永遠無法照到的「永久陰影」。一般認為，在這個區域水能夠以冰的狀態穩定存在。圖中影像為「信使號」測定水星北極附近表面溫度所得到的結果。紅色表示超過絕對溫度400K（約127℃）的區域，紫色表示50K（約－223℃）的區域。還有，根據後來的分析，確認永久陰影內部有冰存在。

海王星

30au

冥王星（矮行星）

40au

50au

表面滿覆無數隕石坑的「水星」

水星表面滿布著難以計數的隕石坑。其中最大的為直徑約1550公里的「卡洛里斯盆地」（Caloris Basin）。其坑口跨幅占水星直徑的３分之１以上，是類地行星上形成的隕石坑中最大的一個。一般認為，這個隕石坑是數十億年前巨型小行星撞擊所造成的痕跡。

呈放射狀分布的溝狀地形稱為「潘提翁槽溝」（Pantheon Fossae）。此外，根據NASA探測船「信使號」的觀測，已知水星表面有鉀等揮發性物質存在。

皺脊

水星表面有數不清所謂「皺脊」（wrinkle ridge）的斷崖地形。其中較大的高度達２公里，長度超過500公里。皺脊可能是水星在形成過程中內部冷卻導致整體收縮時所形成的皺褶。

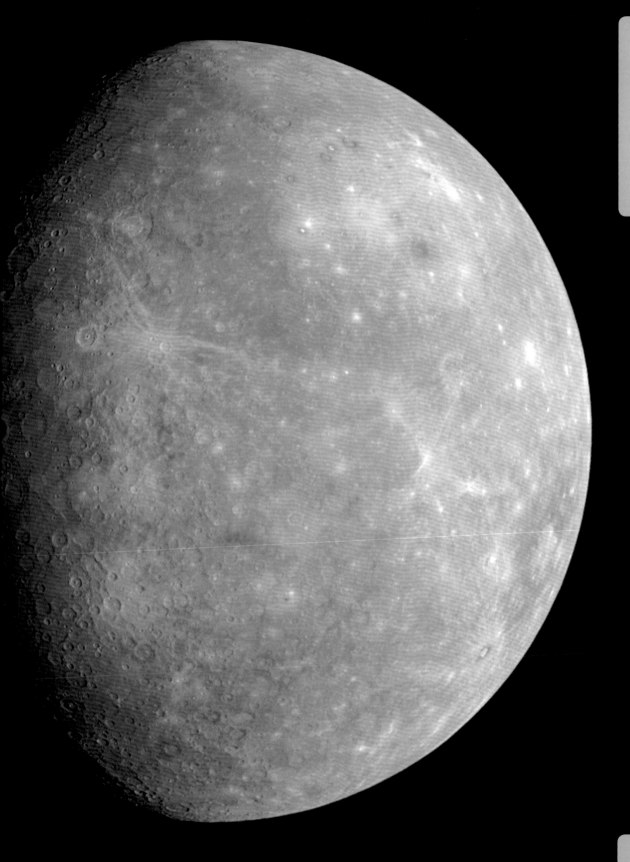

向距離太陽過近以致於觀測困難的行星挑戰

在太陽系行星當中，水星的公轉軌道距離太陽最近。因此，想要環繞它進行探測十分困難，截至目前為止，只有2艘探測船曾經到訪水星，那就是NASA於1975年發射的「水手10號」（Mariner 10）和2011年發射的「信使號」。

第3次水星探測計畫是ESA（歐洲太空總署）和JAXA合作投入的國際水星探測計畫「貝皮可倫坡號」（BepiColombo）。

這項計畫將派遣2艘環繞探測船進入水星環繞軌道。第一艘是觀測水星磁場及磁氣圈的水星磁氣圈探測船「MMO」（Mercury Magnetospheric Orbiter）。第二艘是觀測水星表面及內部的水星表面探測船「MPO」（Mercury Planetary Orbiter）。這項計畫的名稱是為了紀念義大利天文學家可倫坡（Giuseppe Colombo，1920～1984），他確立了「水手10號」的軌道等等，對水星探測貢獻良多。探測船已於2018年10月20日發射，預定2025年12月抵達水星。

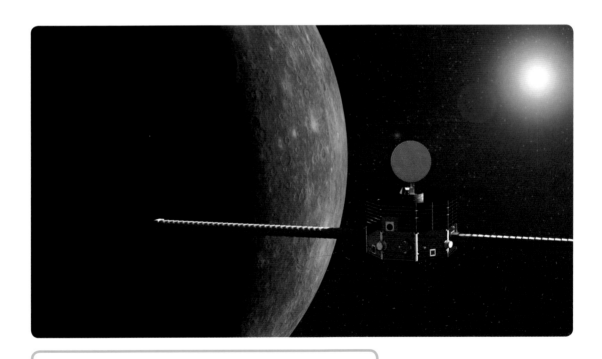

水星磁氣圈探測船「MMO」

水星磁氣圈探測船「MMO」的觀測示意圖。這項計畫打算觀測水星本體的磁場和磁氣圈，並且以多個角度觀測其內部和表層。

水
星
探
測

探測船「信使號」拍攝的
水星影像

NASA的探測船「信使號」所攝得的水星面
貌。水星的隕石坑多以藝術家的名字來命
名。影像中央有一個看起來呈淡藍色的隕
石坑，便是以法國印象派畫家竇加（Edgar
Degas，1834～1917）來命名。

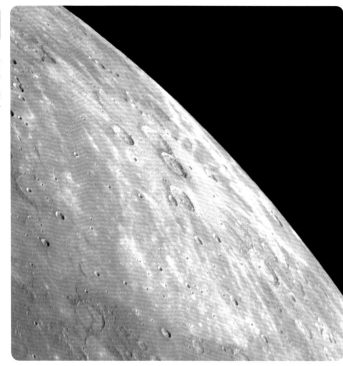

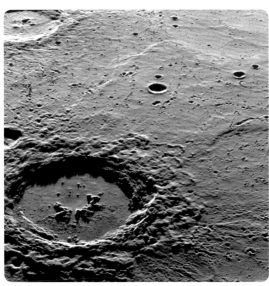

為紀念日本浮世繪畫家葛飾北齋而命名為北齋的隕石坑。
其直徑只有95公里，但因為撞擊而逸飛出去的噴發物（射
紋系統）遠達1000公里。除此之外，水星上還有紀念安藤
廣重、松尾芭蕉等日本藝術家的隕石坑。

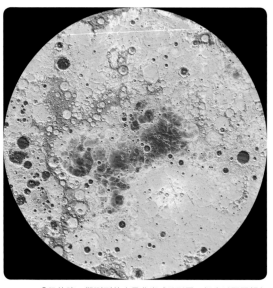

「信使號」觀測到的水星北半球地形圖。標高以不同顏色
表示。紫色最低，越接近紅色則越高。圖像中最低和最高
的標高差為10公里左右。

擁有過度嚴苛環境的地球兄弟行星「金星」

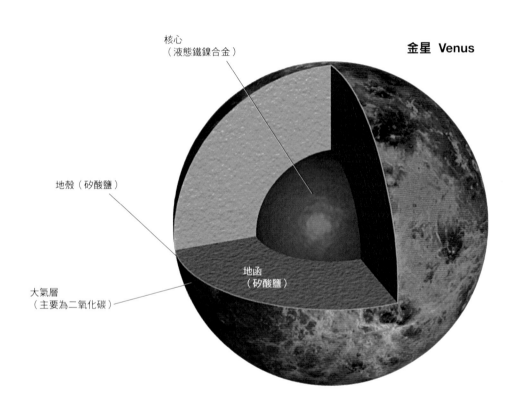

核心
（液態鐵鎳合金）

金星 Venus

地殼（矽酸鹽）

地函
（矽酸鹽）

大氣層
（主要為二氧化碳）

基本數據

視半徑	30".16
赤道半徑	6051.8km
赤道重力	地球的0.91倍
體積	地球的0.857倍
質量	地球的0.815倍
密度	5.24g/cm^3
自轉週期	243.0185天
衛星數	0個

依據日本國立天文臺編《理科年表2020》

水星 金星 地球 火星 穀神星（矮行星）木星　　　　　　土星　　　　　　　　　　天王星

太陽　　1au　　　　　　　　5au　　　　　　　10au　　　　　　　　　20au

金星的半徑約為6000公里，和地球的半徑（約6400公里）不相上下。此外，金星與太陽的平均距離大約為1億820萬公里，在緊臨地球內側的軌道上運行（地球與太陽的平均距離約為1億5000萬公里）。由於金星的大小和地球差不多，軌道又相鄰，所以有地球「兄弟行星」之稱。

但是，金星表面的環境和地球一點也不像。例如，地球表面的氣壓大約1大氣壓，但金星表面的氣壓則高達90大氣壓左右，這個壓力在地球上相當於水深900公尺的海中。此外，金星表面溫度約為460℃，宛如灼熱煉獄。

一般認為，金星表面之所以如此酷熱，是因為金星大氣中約有96%為二氧化碳，發揮強烈的溫室效應。地球的大氣則大約只有0.038%是二氧化碳。

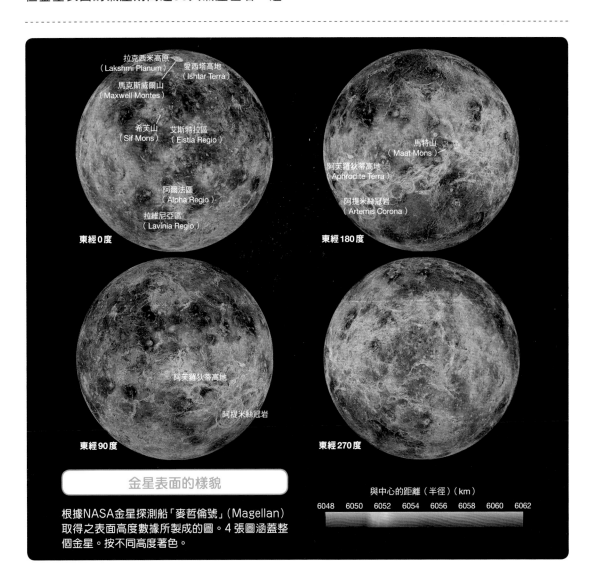

金星表面的樣貌

根據NASA金星探測船「麥哲倫號」（Magellan）取得之表面高度數據所製成的圖。4張圖涵蓋整個金星。按不同高度著色。

與中心的距離（半徑）（km）

6048　6050　6052　6054　6056　6058　6060　6062

海王星
30au

冥王星（矮行星）
40au

50au

085

速度上大氣循環為自轉的60倍

金星的自轉速度非常慢，自轉一周得費時243天（地球時間）。且其自轉方向與地球相反。

金星擁有以二氧化碳為主要成分的濃厚大氣，飄浮在45～70公里高空的濃硫酸雲包覆著整個金星（左下圖）。濃硫酸雲很容易反射陽光，所以金星看起來非常耀眼明亮。

因為這些雲的緣故，我們無法利用可見光看到金星的表面。但是，無線電波能夠穿透雲層，所以只要朝金星表面發射無線電波，再分析回返的反射波，便能夠探知隱藏於雲層下方的地形等等。右圖乃由NASA金星探測船「麥哲倫號」的數據予以合成製得。

浮雲飄流之處有秒速高達100公尺的氣流奔竄流動。這些氣流每4天環繞金星一周，稱為「超旋轉」（super rotation）。金星赤道區的自轉速度為秒速1.8公尺左右，而氣流的速度相當於它的60倍。這些氣流長久以來始終是金星大氣的一大謎題。

濃硫酸雲所包覆的金星

NASA金星探測船「先鋒金星號」（Pioneer Venus）於1979年拍攝的影像。完全為濃硫酸雲所籠罩，無法利用可見光觀測地表。

火山流出熔岩流覆蓋著表面

金星表面的絕大部分地區都為熔岩所覆蓋。我們已知在其表面有許多地形是數億年前的某個時期，歷經數千萬年左右的時間所形成的。也就是說，在過去某個時期的相對短暫期間，熔岩把表面完全蓋住了。

右圖影像是依據NASA金星探測船「麥哲倫號」的數據予以立體化的結果。根據「麥哲倫號」的勘測，平地約占整體的60％，高出平均面 2 公里以上的高地則大約占13％。

火山眾多的金星擁有許多極具特色的地形，例如為直徑小於20公里的小火山所滿布的平緩大地，以及噴出熔岩之後受到大氣壓擠壓而成的煎餅狀熔岩圓頂山等等。

直徑數百公里的圓形地形「冠岩」

金星內部的高溫熱柱（plume）湧升，令金星表面灼熱熾烈，同時也把地殼往上推。後來，上推之勢減弱，留下的圓冠形構造就是「冠岩」（corona）。圖示為熱柱推升地殼的想像場景。

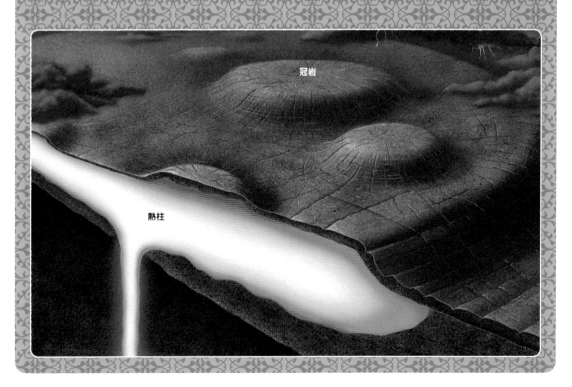

冠岩

熱柱

馬特山的熔岩流

依據「麥哲倫號」的觀測數據予以立體化的馬特山影像。從遠處流向近處右側的明亮部分即為熔岩流。其中於高度方向做誇大呈現。

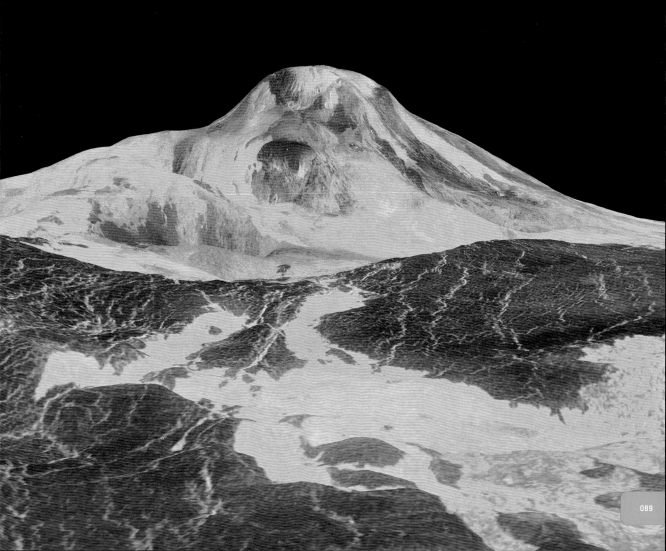

探測船所揭露的
金星面貌

NASA探測船「麥哲倫號」結束任務之後，經過大約10年，歐洲的探測船接續任務飛向金星，那就是ESA於2005年11月發射的「金星特快車號」（Venus Express）。這艘探測船在2006年4月進入金星的環繞軌道，之後便持續進行觀測作業一直到2014年5月為止。

「金星快車號」的主要任務是探索金星的大氣。它在通過金星北極和南極上空的「極軌道」上繞轉。極軌道為長橢圓形軌道，其高度分別是在北極上空大約250公里處，在南極上空則約6萬6000公里。

以紫外線觀察金星的雲

ESA的探測船「金星特快車號」，及以波長365奈米之紫外線觀察的金星南半球。顯現出高度65公里左右的雲層樣貌。

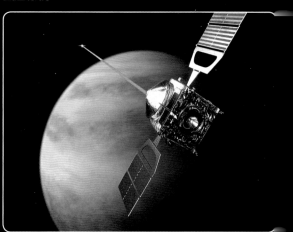

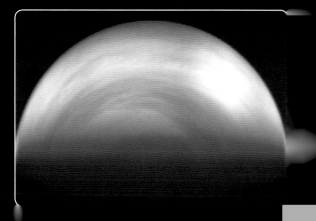

專欄
COLUMN
金星的南極

「金星快車號」拍攝的金星南極影像。圖中左下方為利用波長5奈米的近紅外線拍攝的金星夜半球，右上方為利用波長365奈米的紫外線拍攝的金星晝半球。近紅外線顯示出雲層最上部的溫度，紫外線顯示出高度65公里左右的雲層構造。其中可以看到以南極點為中心的漩渦狀圖案，可能是由於「超旋轉」而產生的。

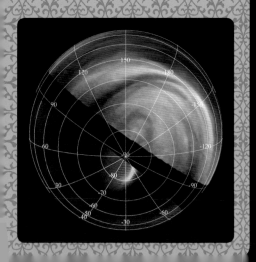

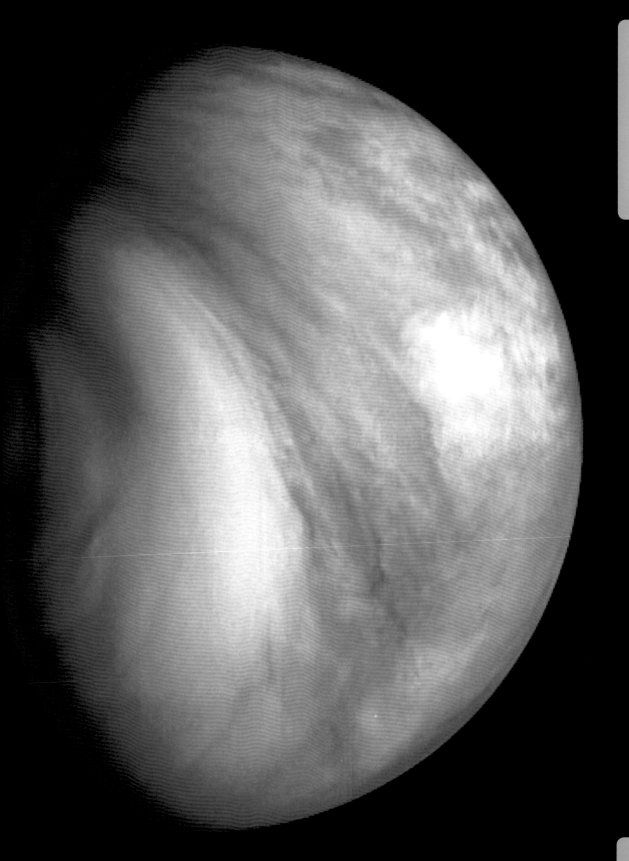

揭開超旋轉機制的神祕面紗

日本第一艘金星探測船「破曉號」（PLANET-C），由H-IIA火箭17號推進，於2010年5月21日從鹿兒島縣種子島的宇宙中心發射升空。

「破曉號」是為了解開金星大氣之謎而開發的。其軌道的設計是繞著金星運行，讓它和超旋轉造成的金星全體雲流一起運行。以地球的情況來說，這就意味著有如進行氣象衛星的觀測一般。

到了2020年，根據「破曉號」的觀測結果，終於揭開金星最大謎團「超旋轉」能夠維持運作的機制。

由於白天加熱、夜晚冷卻而導致大氣反覆地膨脹及收縮，因此產生流動。這種現象稱為「熱潮汐」（thermal tides）。依據觀測到的風速分布進行計算之後，可知金星的超旋轉是熱潮汐引發的現象。金星的自轉速度慢、日夜溫差大，超旋轉就成了傳播熱的有效機制。

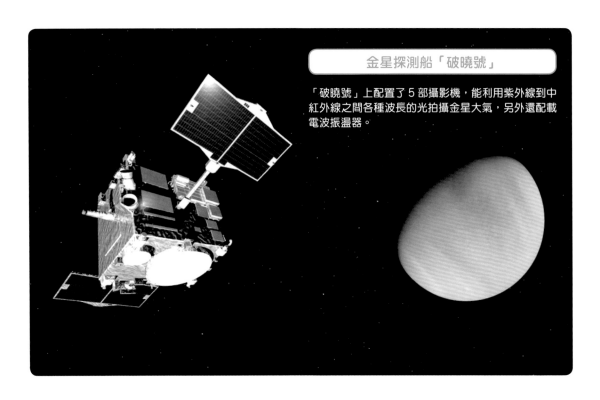

金星探測船「破曉號」

「破曉號」上配置了5部攝影機，能利用紫外線到中紅外線之間各種波長的光拍攝金星大氣，另外還配載電波振盪器。

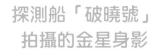

探測船「破曉號」拍攝的金星身影

2015年12月投入環繞軌道的「破曉號」所拍攝的影像。大氣上層部吹颳著秒速100公尺的風。

專欄
COLUMN

金星的自轉和超旋轉

以圖示方式呈現超旋轉。金星的自轉方向和地球相反。超旋轉風的吹颳方向和金星自轉方向相同，而且速度是自轉的60倍。

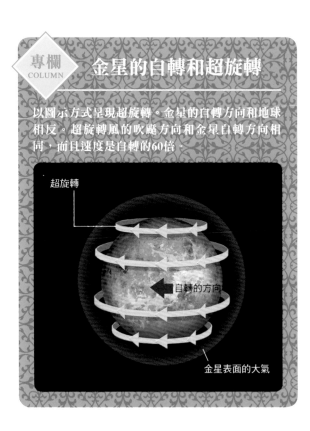

超旋轉

自轉的方向

金星表面的大氣

酷似地球的紅色行星「火星」

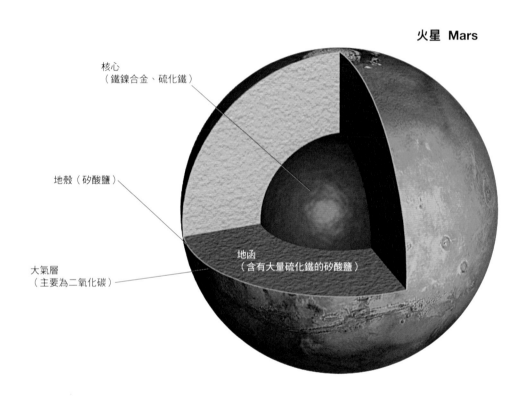

火星 Mars

核心
（鐵鎳合金、硫化鐵）

地殼（矽酸鹽）

地函
（含有大量硫化鐵的矽酸鹽）

大氣層
（主要為二氧化碳）

基本數據

視半徑	8".94
赤道半徑	3396.2km
赤道重力	地球的0.38倍
體積	地球的0.151倍
質量	地球的0.1074倍
密度	3.93g/cm³
自轉週期	1.0260天
衛星數	2個

依據日本國立天文臺編《理科年表2020》

水星 金星 地球 火星 穀神星（矮行星）木星　　　　　　土星　　　　　　　　天王星

太陽　1au　　　　　　5au　　　　　　10au　　　　　　　20au

火星是在緊臨地球外側的軌道上公轉的行星。火星半徑約為3396公里，差不多是地球的一半。與太陽的平均距離大約為1.52天文單位。

火星這顆行星和地球有許多共通之處。首先，火星的地殼和地球一樣，都是由以矽酸鹽為主要成分的岩石所構成。一天的週期為24小時左右，自轉軸和地球一樣是傾斜的，所以有四季的變化。不過，火星的四季變化比地球劇烈，例如夏季會發生籠罩整個行星的大規模沙暴等等。

火星表面包覆著以二氧化碳為主要成分的大氣。但是，大氣非常稀薄，平均氣壓大約只有地球的150分之1而已。

大氣的濃度對於保溫效果有很大的影響。像火星這樣大氣稀薄的行星，保溫效果很小，所以太陽能量的增減會立刻反應在氣溫上。在夏季的白天，氣溫可達20℃，但是在冬季的夜晚就變成－140℃的酷寒，變化相當大。赤道附近的平均氣溫為－50℃。

火星擁有火衛一（Phobos）和火衛二（Deimos）這2顆形狀歪七扭八的衛星。

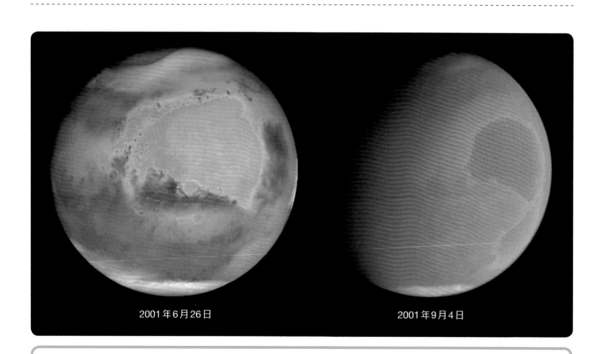

2001年6月26日　　　　　　　　　2001年9月4日

籠罩全球的巨大沙暴

哈伯太空望遠鏡所攝得的火星大規模沙暴影像。左邊為2001年6月的景象，右邊為9月的景象。右圖顯示差不多整個星球都籠罩在沙暴之中，幾乎看不到地表的模樣。火星有時候會因為極冠（一般認為是火星兩極地區的白色部分）季節變化產生上升流而形成季風。尤其是南極冠一帶經常發生沙暴，有時沙暴甚至會擴展到整個火星。

海王星
●
30au

冥王星（矮行星）
●
40au

50au

火星上有
水和冰存在

火星雖然和地球有許多相似之處,但大氣相當稀薄,氣壓只有地球的150分之1左右而已。一般認為,過去應該有以水蒸氣和二氧化碳為主要成分的濃密大氣存在,但因遭受許多隕石撞擊導致大氣逐漸稀薄。隕石更因為撞擊而化為高溫高壓的蒸氣,遂把大氣吹散到宇宙太空中。

另一方面,我們已知火星的地形遺留著曾有積水流過的痕跡,以及必須有水才能形成的岩石。此外,NASA的探測船「鳳凰號」(Phoenix)於2008年在火星著陸,採集土壤加以分析的結果,直接確認土壤中有水以冰的形態存在。

現在,耐人尋味的是,曾經大量存在的水如今跑到哪裡去了?ESA的探測船「火星特快車號」(Mars Express)於2003年12月投入火星環繞軌道之後展開調查,結果發現在南極極冠附近廣達數百平方公里的區域有水冰存在。此外,也懷疑地底下可能有水匯聚成湖。

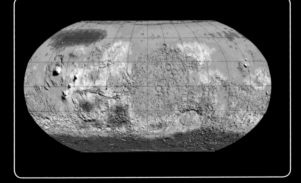

火星上曾有液態水存在

左圖為NASA火星探測船「火星奧德賽號」(Mars Odyssey)利用γ射線分光器取得的數據,並與火星地形圖疊合而成。這是2002年5月南半球夏季時期所觀測到的數據,圖中顯示,南極附近的深藍色部分可能含有大量水冰。另外,在2003年6月的北半球夏季時期也進行相同的觀測,結果發現北極附近的地底下可能含有大量水冰。

專欄 COLUMN 大氣因隕石猛烈撞擊而顯得稀薄

隕石撞擊火星的想像圖。由於撞擊,隕石化為高溫高壓的蒸氣擴散開來,遂把火星大氣吹襲到宇宙太空中。

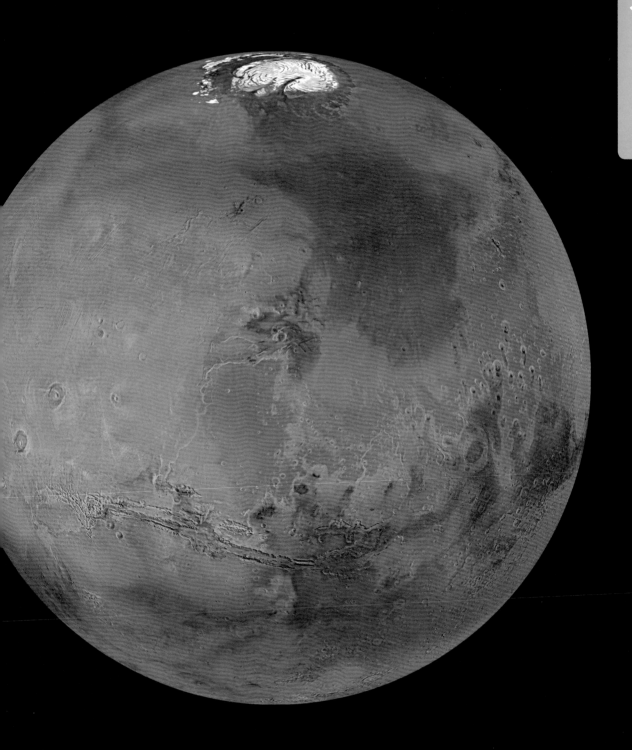

擁有高低差21公里的巨大火山

NASA探測船「火星全球探勘者號」（Mars Global Surveyor）配載了「雷射高度計」這項裝置。可向火星表面發射雷射光，再依據雷射光從表面反射回來的時間，量測出該地點的高度。右頁上的火星高度地圖，乃依據前述裝置所獲得的數據繪製而成。藍色部分的高度較低，隨著黃、紅、白的顏色變化，高度逐漸升高。

火星有許多座巍峨的火山。其中最大的為「奧林帕斯山」（Olympus Mons），山麓到峰頂的高度相差21公里，山野縱橫長達600公里。這麼長的幅員跨度幾足以涵蓋整個北海道。山頂有許多破火山口，最大的直徑廣達數十公里。奧林帕斯山不僅是火星上最大的火山，也是整個太陽系中最大的。

此外，火星赤道附近有個巨大的「水手號峽谷」（Valles Marineris），長達4000公里，幾等於日本列島縱長。此峽谷寬則100公里，深約7公里。

奧林帕斯山

從正上方俯瞰奧林帕斯山，依據NASA探測船「維京1號」（Viking 1）的數據經馬賽克合成而得的影像。奧林帕斯山位於「塔爾西斯山群」（Tharsis Montes）西北方，該山群主要包含阿爾西亞山（Arsia Mons）、帕弗尼斯山（Pavonis Mons）、艾斯克雷爾斯山（Ascraeus Mons）。下圖是依據NASA探測船「火星全球探勘者號」所得高度數據予以立體化的奧林帕斯山影像。高度方向強化10倍呈現。

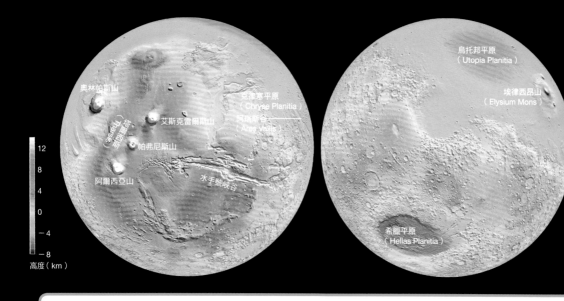

奧林帕斯山

艾斯克雷爾斯山

塔爾西斯隆起
（Tharsis）

帕弗尼斯山

阿爾西亞山

艾律塞平原
（ Chryse Planitia ）

阿瑞斯谷
（ Ares Vallis ）

水手號峽谷

烏托邦平原
（ Utopia Planitia ）

埃律西昂山
（ Elysium Mons ）

希臘平原
（ Hellas Planitia ）

12
8
4
0
−4
−8
高度（km）

火星的高度數據

依據NASA探測船「火星全球探勘者號」的高度計數據製成的火星高度地圖。水色部分高度比較低，紅～白
的部分比較高。

水手號峽谷

水手號峽谷是長達4000公里的大峽谷。藉由
NASA探測船「火星奧德賽號」以紅外線拍攝
的影像經過馬賽克合成而得。

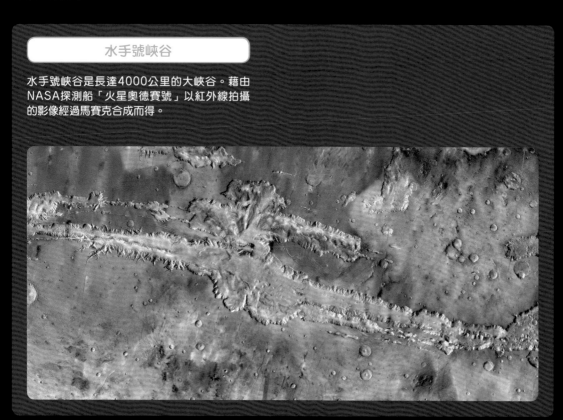

各式探測船所捕捉到的火星面貌

火星是距離地球很近而較易觀測的行星，再加上人們對於火星上有無生命存在充滿好奇，因而備受矚目。也因此持續派遣了好幾艘探測船前往火星一探究竟，像是為人熟知的環繞火星探測船，以及探測表面的登陸艇、在火星表面自動行走的漫遊車（火星探測車）等等。藉由這些觀測，使得冰的存在及地表面貌等資訊逐漸明朗。

遭萬年冰覆蓋的隕石坑

位於火星北極區的「科羅列夫隕石坑」（Korolev crater）。這個隕石坑的直徑82公里，內部有厚達1800公尺的水冰存在，夏季時也不會融化。這是由ESA探測船「火星特快車號」5次勘測所拍攝的影像合成而得的畫面。

探測船「火星特快車號」

「火星特快車號」是ESA的第一艘火星探測船。2003年6月發射升空，12月投入火星環繞軌道，2004年1月底開始探測，後來一再延長使用期限，2021年7月時仍在執行觀測任務。

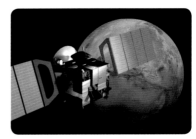

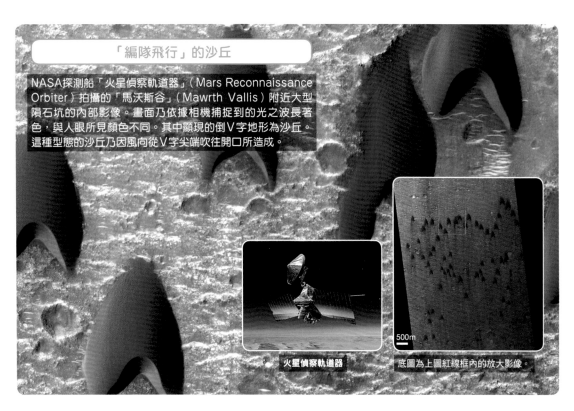

「編隊飛行」的沙丘

NASA探測船「火星偵察軌道器」（Mars Reconnaissance Orbiter）拍攝的「馬沃斯谷」（Mawrth Vallis）附近大型隕石坑的內部影像。畫面乃依據相機捕捉到的光之波長著色，與人眼所見顏色不同。其中顯現的倒V字地形為沙丘。這種型態的沙丘乃因風向從V字尖端吹往開口所造成。

火星偵察軌道器

底圖為上圖紅線框內的放大影像。

500m

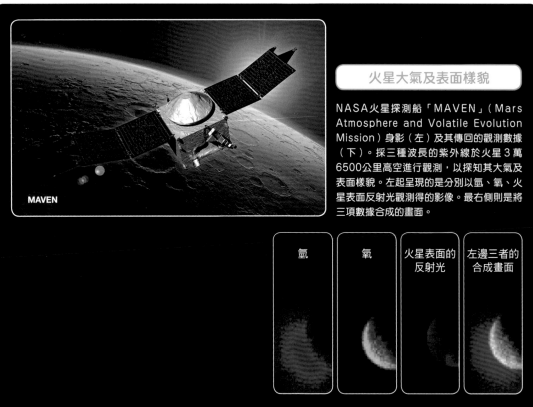

火星大氣及表面樣貌

NASA火星探測船「MAVEN」（Mars Atmosphere and Volatile Evolution Mission）身影（左）及其傳回的觀測數據（下）。採三種波長的紫外線於火星3萬6500公里高空進行觀測，以探知其大氣及表面樣貌。左起呈現的是分別以氫、氧、火星表面反射光觀測得的影像。最右側則是將三項數據合成的畫面。

MAVEN

| 氫 | 氧 | 火星表面的反射光 | 左邊三者的合成畫面 |

陸續發射前往火星的探測船

從以前到現在，人們積極進行各項火星探測的活動從未間斷。2020年發射3艘探測船，分別是NASA攜載大型探測漫遊車「毅力號」（Perseverance）的「火星2020」、CNSA（中國國家航天局）的「天問1號」，以及使用日本火箭發射的阿拉伯聯合大公國MBRSC（杜拜政府太空機構）的「希望號」（Hope）。之後，還有原定在2020年發射但延期至2022年的歐洲與俄羅斯合作專案「ExoMars」（Exobiology on Mars），以及預定於2024年發射的日本火星衛星探測任務「MMX」（Martian Moons eXploration）。

為什麼各國紛紛在同一個時期派遣探測船前往火星呢？原因在於地球和火星的位置關係。火星每經2年2個月才最接近地球一次，必須配合這個時點發射探測船。據說能夠有效率地把探測船送往火星的期間只有2～3個星期。為了配合這個時間發射，所以才會有數艘探測船同時抵達火星。

「好奇號」的登陸地點　黃刀灣（Yellowknife Bay）

「好奇號」的移動軌跡

上圖為2017年10月25日（1856火星日）從維拉魯賓嶺（Vera Rubin Ridge）山腰拍攝蓋爾隕石坑（Gale crater）內部全景影像的部分畫面。遠處連綿的群山是蓋爾隕石坑的「邊緣」。白線表示從登陸到攝影當下大約5年半時間「好奇號」所行進的路線。右圖則從上空俯瞰，顯示「好奇號」至今以來的移動路線。「好奇號」行進的總距離，到2020年3月已超過20公里以上。

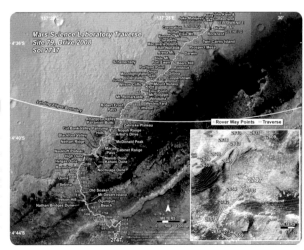

火星探測船②

NASA火星探測車「好奇號」

「好奇號」是NASA火星探測計畫之一「火星科學實驗室」（Mars Science Laboratory）的無人探測漫遊車。於2011年11月26日發射。「好奇號」不僅能在地表一邊移動一邊探測，還搭載了2.1公尺長的機器臂，前端裝設有鑽頭和勺子。運用這支機器臂，便能鑽入岩石內部採集實驗樣本，再使用漫遊車內部的分析裝置進行檢測。畫面顯示「好奇號」於2018年6月15日（登陸起算2082火星日）使用機器臂前端相機所拍攝的「自拍照」，乃不斷變換角度拍攝，取60多張影像合成而得。因為從5月底開始發生大規模的沙暴，所以遠景一片迷濛。

歪七扭八的小衛星
火衛一和火衛二

火星擁有「火衛一」和「火衛二」共兩個衛星。這兩個衛星都非常小，在內側公轉的火衛一大小約27×22×18公里，在外側公轉的火衛二則約15×12×10公里。一般認為，兩個都是在形成之後才遭火星的重力擄獲。

火衛一的表面上可以看到許多隕石坑。其中最大的稱為「斯蒂克尼」（Stickney），直徑9公里左右。在斯蒂克尼周圍，可以看到呈放射狀的溝狀地形，或是多個隕石坑併排成列的景象。根據「火星特快車號」的觀測，這些地形與斯蒂克尼無關。這些或許是火星遭隕石撞擊之際所噴出的物質，後來撞上火衛一而造成的痕跡。火衛二的表面比火衛一光滑許多，沒有大隕石坑，最大的直徑也只有2.5公里左右。

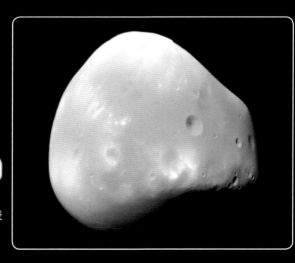

衛星火衛二

NASA探測船「火星偵察軌道器」所拍攝的火衛二。比起火衛一，表面光滑許多。

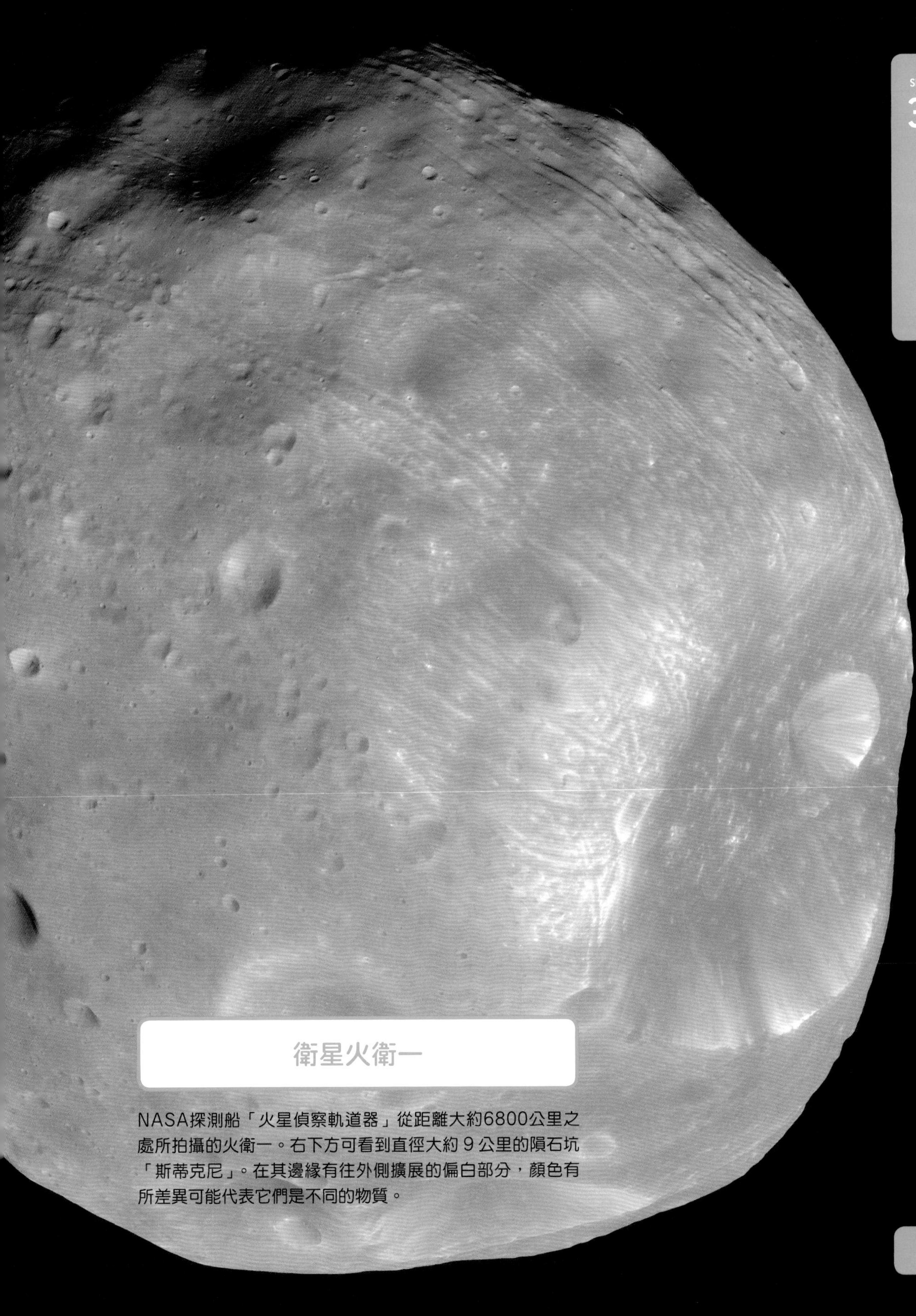

衛星火衛一

NASA探測船「火星偵察軌道器」從距離大約6800公里之處所拍攝的火衛一。右下方可看到直徑大約 9 公里的隕石坑「斯蒂克尼」。在其邊緣有往外側擴展的偏白部分，顏色有所差異可能代表它們是不同的物質。

COLUMN

從立體影像到自拍照，探測船相機的進程

右圖顯示廣布火星赤道附近的埃律西昂平原（Elysium Planitia）上稱為「科伯洛斯槽溝」（Cerberus Fossae）的裂縫狀地形。

鮮明呈現貫穿隕石坑的大地槽溝

裂縫的長度超過1000公里，差不多是2.5個臺灣縱長。畫面所顯現的僅為綿長裂縫之極小部分的影像。至於右下方框之中，則是把拍攝的多張影像合成之後，再予立體化而得的畫面。

探測船配載的高解析度立體相機

我們之所以能看到如此鮮明的影像，與探測船配載的相機性能息息相關。

例如，探測船「火星特快車號」配載有高解析度立體相機「HRSC」（high resolution stereo camera）。這架相機的視野並不僅限於探測船的正下方，也涵蓋了斜下方的部分範圍。因此，當探測船通過觀測地區的上空時，能夠從不同角度拍攝各個地點的多張影像。拜此之賜，我們能從影像求得地形高度、製作立體圖像等等。而且，除了畫質鮮明之外，探測船「好奇號」也能像第103頁所介紹的畫面那樣，使用機器臂前端的相機拍攝探測船本身的樣貌。

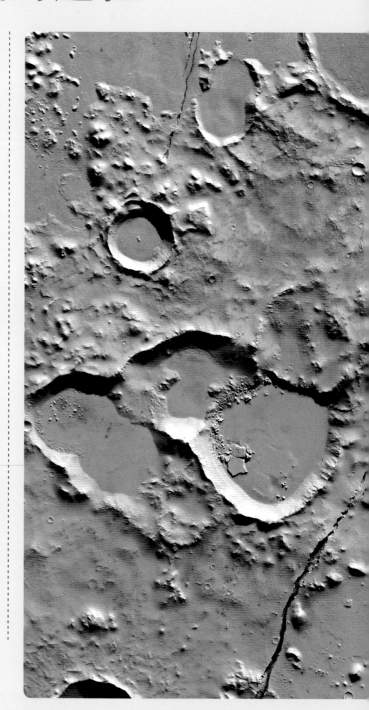

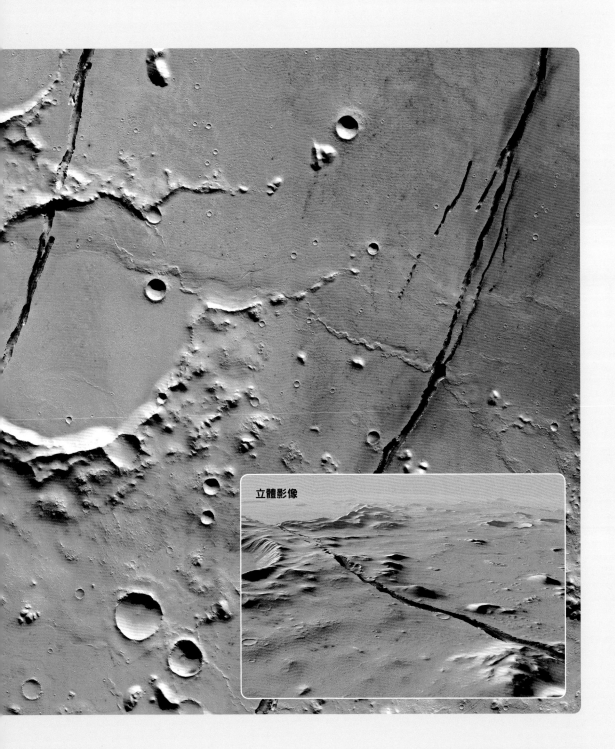

立體影像

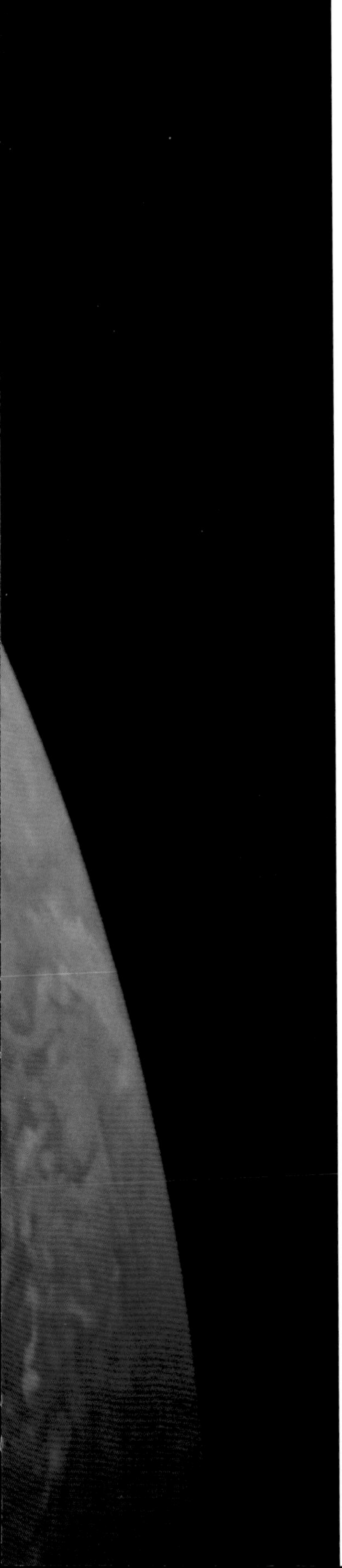

5

氣體巨行星與
冰質巨行星

Gas giant, Giant icy planet

木星的基本數據

太陽系最大的
氣體巨行星「木星」

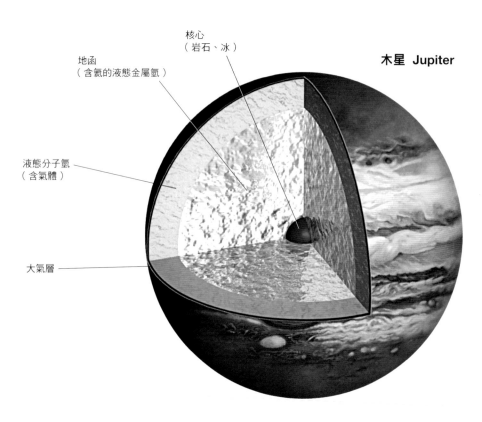

核心
（岩石、冰）

木星 Jupiter

地函
（含氦的液態金屬氫）

液態分子氫
（含氦體）

大氣層

基本數據

視半徑	23".46
赤道半徑	7萬1492km
赤道重力	地球的2.37倍
體積	地球的1321倍
質量	地球的317.83倍
密度	1.33g/cm³
自轉週期	0.4135天
衛星數	79個

依據日本國立天文臺編《理科年表2020》

水星 金星 地球 火星 穀神星（矮行星）木星   土星   天王星

太陽   1au   5au   10au   20au

木星半徑為地球的11倍左右，質量更達地球的318倍左右，是構成太陽系的行星當中，體積最大且質量最重的巨大天體。密度為每 1 立方公尺約1330公斤，這個數值較之地球更接近太陽。

不像地球這種擁有堅硬地表的類地行星，木星屬於表面為氣體包覆的「氣體巨行星」。主要成分和太陽一樣是氫和氦。

木星中心區的核心由冰和岩石構成。不過，光是木星的核，質量可能就達到地球的10倍左右。

在木星的大氣之中，含有由氨和硫化銨構成的雲。這些雲之中，強力反射陽光的部分呈現條斑狀，反射比較弱的部分則形成帶紋狀。這種雲造成的條紋圖案會隨著在木星上空流動的強風移動，進而在東風和西風交錯處產生各種大小不一的渦旋狀圖案。

木星和土星一樣擁有非常多衛星，截至目前為止，已經發現了79個之多。另外，木星擁有 3 個環。

探測船所拍攝的木星

探測船「卡西尼-惠更斯號」（Cassini-Huygens）飛掠木星時拍攝的影像。所謂飛掠（fly by）是指利用天體的重力使探測船加速或減速的技術，是行星探測上經常運用的方法。左下方有個暗點是衛星「木衛二」。

高速流動的氣體形成渦旋

木星的條紋圖案是沿東西向流動的噴射氣流南北串連而產生。在赤道流動的噴射氣流速度高達時速480公里。圖示為位於北緯55度命名為「JetN6」的噴射氣流，使用特寫鏡頭拍攝而得。噴射氣流自遠處看來只是條紋圖案，但靠近觀察，便可發現氣流混亂且形成渦旋的景象。

海王星
30au

冥王星（矮行星）
40au

50au

持續移動的
木星紅色渦旋和白色渦旋

白斑（A5）

木星的白斑

NASA探測船「朱諾號」於2019年所拍攝的木星南半球。位於中央下方及右方的巨大白斑分別命名為「A5」和「A4」。

大紅斑

木星表面最顯眼的圖案就是稱為「大紅斑」（Great Red Spot）的巨大渦旋。大小達到地球直徑的 2 倍左右。

大紅斑並非類似颱風的低氣壓渦旋，而是高氣壓渦旋。19世紀以來即已知道它的存在，但仍然無法解釋為什麼會呈現如此的紅色模樣。

在木星的南半球有多個白斑存在，有時候白斑會合併在一起。

木星自轉一周的時間很短，只有10個小時左右，該影響導致產生強烈氣流（噴射氣流），雲也形成了大大小小的渦旋。

噴射氣流的風速依緯度而有所不同，所以隨著時間流淌，會發生渦旋彼此接近、超越等情形。例如，南緯20度附近的大紅斑比南緯40度附近的A4、A5更快流向東方（圖中右邊），大約每隔 1 年便會追過A4和A5。木星的樣貌一直不斷地在變化。

大紅斑

白斑（A4）

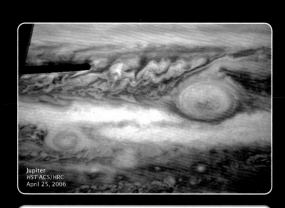

Jupiter
HST ACS/HRC
April 25, 2006

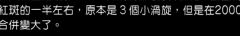

新的紅斑

哈伯太空望遠鏡在2006年所拍攝到的新紅斑。直徑為大紅斑的一半左右，原本是 3 個小渦旋，但是在2000年合併變大了。

衛星造成的
木星極光

木 星擁有非常強大的磁場,強度為地球的10倍左右。其磁氣圈範圍更是地球的100倍以上。凡是具有磁場和大氣的行星,

就會產生極光。

極光是從太陽飛來的帶電粒子(荷電粒子)撞上行星大氣中的分子及原子所造成的

藍白色的明亮極光

哈伯太空望遠鏡拍攝的木星極光。由可見光和紫外線數據合成而得。

發光現象。地球的極光也好，木星的極光也罷，都是基於同樣原理產生的。

不過，根據NASA木星探測船「伽利略號」（Galileo）的觀測，可得知木星的極光有一部分是衛星「木衛一」、「木衛二」、「木衛三」造成的。這些衛星與木星以磁力線串連在一起，從衛星飛來的帶電粒子撞上木星大氣，因而產生極光。

左頁畫面乃是把木星探測船「朱諾號」於

2016年所拍攝的極光數據，加上哈伯太空望遠鏡觀測的紫外線數據合成而得。「朱諾號」的任務是觀測木星的氣體成分、內部構造及磁場等等。

下圖是以特寫鏡頭拍攝的北極極光。顯現出自衛星飛過來之帶電粒子所造成的極光。

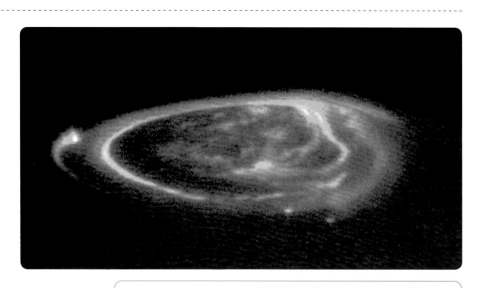

北極的極光

哈伯太空望遠鏡於1998年拍攝的木星北極極光。也顯現出自木衛一、木衛二、木衛三等木星衛星飛過來之帶電粒子所造成的光。畫面中造成極光之帶電粒子的來處，分別是左端的亮點來自木衛一，中央的亮點來自木衛二，中央右下方的亮點則來自木衛三。

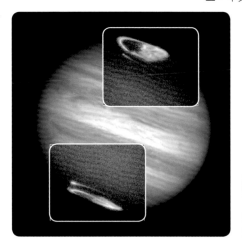

南北極光

哈伯太空望遠鏡於1997年拍攝的木星南北極光（框線內）。此乃觀測紫外線而得的結果。

木星擁有
3個行星環

說到行星環，最有名的當屬土星，不過，木星、天王星、海王星也都有行星環。

根據ＮＡＳＡ的探測船「航海家號」（Voyager）的觀測，已確認木星有３個環。由內而外分別是「光環」（Halo Ring）、「主環」（Main Ring）、「薄紗光環」（Gossamer Ring）。

土星環由冰的團塊組成，但木星的每個環都是由微塵粒子組成。微塵粒子則由在環附近公轉的小型衛星供應。當小行星及彗星碎片之類的小物體和這些衛星相撞，就會使得微塵粒子散逸飛揚。由於小型衛星的重力比較小，無法把飛揚的微塵粒子吸引拉回，於是這些微塵粒子就成了環的組構成分。

根據探測船「伽利略號」的觀測，已知薄紗光環其實是由２個環所構成。一個環之中含有另一個環。

專欄
COLUMN
環的構造

木星環的結構乃是主環內側有光環，外側有薄紗光環。薄紗光環再由２個環組成。

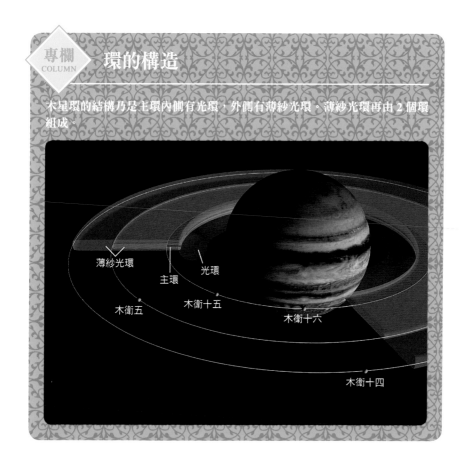

薄紗光環
主環
光環
木衛五
木衛十五
木衛十六
木衛十四

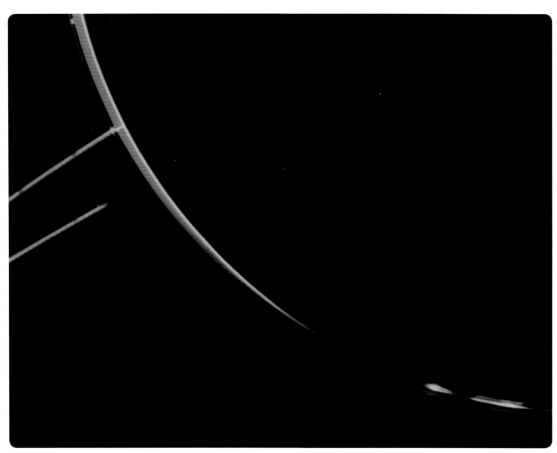

又薄又暗的環

上圖是NASA探測船「航海家2號」拍攝的木星環。下側的環線在中途被切掉，是因為木星影子導致。此外，右圖是探測船「伽利略號」於1996年拍攝的木星環。「伽利略號」進入木星的影子時，拍攝到陽光遭環之粒子散射所呈現的景象。上方為主環，下方為光環，並予以著色使之更為明顯。

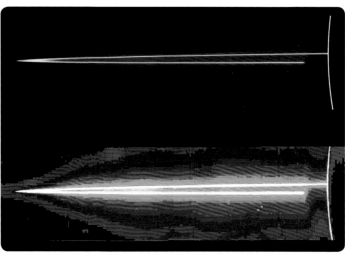

擁有多達79個
衛星的行星

截至2020年為止，木星光是已經確認的
衛星就有72（79）[※]個之多，和土星一
樣是擁有眾多衛星的行星。

在這些為數眾多的衛星之中，義大利物理
學家兼天文學家伽利略（Galileo Galilei，
1564～1642）於1610年使用望遠鏡發現的木
衛一、木衛二、木衛三、木衛四這4個衛星
稱為「伽利略衛星」。本單元跨頁除了伽利略
衛星，也羅列了其他幾個較具代表性的木星
衛星。

右頁下圖為NASA探測船「朱諾號」於
2019年9月11日拍攝的影像。

畫面中木星表面有一個圓形的黑色區域，
宛如一個巨大的坑洞。這是環繞木星運行的
衛星「木衛一」經陽光照射而落下的陰影。
木衛一的大小在木星衛星當中排行第3，陰影
的短直徑為3600公里（月球的1.05倍左右），
與木衛一本身實際直徑差不多。如果在陰影
裡仰視木星的天空，木衛一會把太陽完全遮
住，所以應該能看到「日全食」。

※括號內的數字包括未確定的個數。

木衛十六（Metis）

木衛十五（Adrastea）

木衛五（Amalthea）

木衛十四（The

木衛一（Io）

木星及其代表性的衛星

圖示為木星及其具有代表性的衛星。為了比較大小，
也列上地球和月球。

地球　　　　　　　月球

木衛二（Europa）

木衛三（Ganymede）

木衛四（Callisto）

木衛十三（Leda）

木衛六（Himalia）

木衛十（Lysithea）

木衛七（Elara）

木衛十二（Ananke）

木衛十一（Carme）

木衛八（Pasiphae）

木衛九（Sinope）

專欄 COLUMN　顯映在木星上的巨大陰影

衛星的影子落在木星表面，這是經常發生的現象，連在地球上都
可以觀察到。木星的直徑達到14萬公里，是地球的11倍左右，加
上許多衛星的公轉軌道與木星的公轉軌道幾乎在同一個平面上，
所以衛星的影子很容易落在木星表面。下圖經過影像處理，補強
了色彩效果。

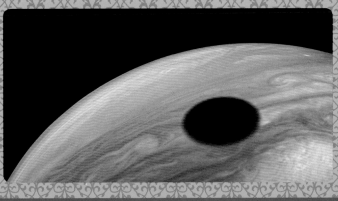

擁有活火山的木衛一和
為冰所覆蓋的木衛二

伽利略衛星當中,木衛一的公轉軌道最靠近木星。木衛一的直徑約為3600公里,和月球差不多,大小在伽利略衛星之中排行第3。此外,它和木星的平均距離約為42萬公里,大約1.77天環繞木星一周。

木衛一也是太陽系中火山活動最為旺盛的天體,乃因受到木星強大重力的影響所致。木衛一在緊臨木星的橢圓形軌道上公轉,由於木星巨大重力的影響,會週期性地受到宛如搓揉般的力。一般認為,是這個力導致木衛一內部的岩石被劇烈加熱,因而促發火山活動。

另一方面,木衛二的半徑為1565公里,比月球稍微小一點。表面為冰所覆蓋,並且呈現無數的線狀圖案。從地形特徵等等來推測,木衛二表面的冰層下方很可能有液態水

首次在地球以外的地方
發現活火山的木衛一

影像上側為北極,極區附近的白色部分可能是富含硫質的霜。活火山附近以黑、褐、綠、橙、紅等顏色加以強調。影像經過處理,強化微妙的顏色差異。

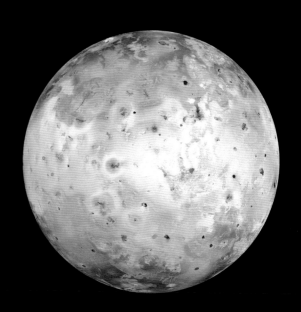

存在。

　已經觀測到木衛二的磁場每5個半小時會反轉方向，這個現象可能也暗示地底下有水存在。順帶一提，科學家也觀測到木衛一的磁場。

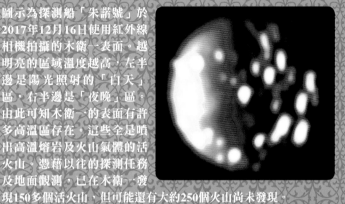

紅外線鏡頭下燦亮的木衛一火山

圖示為探測船「朱諾號」於2017年12月16日使用紅外線相機拍攝的木衛一表面。越明亮的區域溫度越高，左半邊是陽光照射的「白天」區，右半邊是「夜晚」區。由此可知木衛一的表面有許多高溫區存在。這些全是噴出高溫熔岩及火山氣體的活火山。憑藉以往的探測任務及地面觀測，已在木衛一發現150多個活火山，但可能還有大約250個火山尚未發現。

地底下或許有液態水存在的木衛二

由於隕石碰撞等因素，導致木衛二內部噴出岩石物質，褐色部分即為此類岩石物質偏多的地區。至於接近南北極的區域，明亮的藍色部分表示此處有細冰粒存在，暗藍色部分則表示該區有粗冰粒存在。影像畫面已經過處理，強化表面顏色差異。

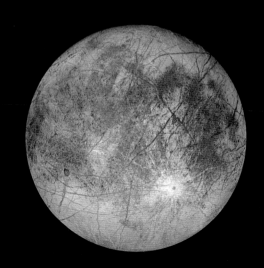

巨型衛星木衛三和滿布隕石坑的木衛四

木衛三是伽利略衛星當中從內側算起的第三個衛星。半徑2634公里，不僅是木星最大的衛星，也是整個太陽系中最大的衛星，甚至比身為行星的水星（半徑2440公里）還要大。

表面覆蓋著混有岩石的冰。

亦屬伽利略衛星的木衛四，其公轉軌道最靠外側。半徑2403公里，是太陽系中第 3 大的衛星，僅次於木衛三和土星的衛星「土衛六」。在伽利略衛星之中，木衛四的反射率最

太陽系所有衛星之中最大的木衛三

木衛三的直徑比水星還要大，大小約為地球的0.41倍。表面分為所謂「槽溝」（sulcus）的明亮部分和「區」（regio）的陰暗部分。槽溝可見許多溝狀地形，區則有很多隕石坑。此外，探測船「伽利略號」還觀測到木衛三擁有磁場。

低，不到月球的一半，所以也最暗。表面可能是岩石和冰的混雜物所構成。木衛四的表面布滿了隕石坑，這表示木衛四自形成以來，就不曾因火山活動而流出熔岩或受到其他地質活動的影響。

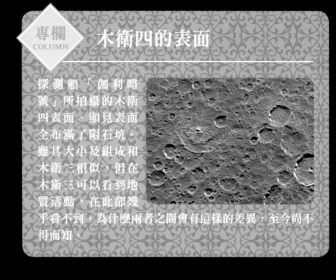

木衛四的表面

專欄 COLUMN

探測船「伽利略號」所拍攝的木衛四表面。顯見表面全布滿了隕石坑。雖其大小及組成和木衛三相似，但在木衛三可以看到地質活動，在此卻幾乎看不到。為什麼兩者之間會有這樣的差異，至今尚不得而知。

幾乎沒有地質活動的木衛四

木衛四大小約是地球的0.38倍。探測船「航海家1號」在它的表面發現了一個直徑3000公里的巨大隕石坑「瓦爾哈拉撞擊坑」（Valhalla Crater）。這屬於「多環隕石坑」，有多層環狀地形呈同心圓狀往外擴展，估計約是40億年前的撞擊所致。

土星的基本數據

擁有美麗星環的氣體巨行星「土星」

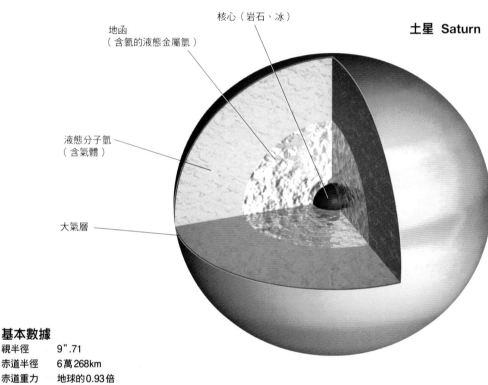

地函
（含氦的液態金屬氫）

核心（岩石、冰）

土星 Saturn

液態分子氫
（含氣體）

大氣層

基本數據

視半徑	9".71
赤道半徑	6萬268km
赤道重力	地球的0.93倍
體積	地球的764倍
質量	地球的95.16倍
密度	0.69g/cm³
自轉週期	0.444天
衛星數	85（82）*個

＊：「S/2004S3」「S/2004S4」
「S/2004S6」可能是同個衛星，或
者是粒子團塊（clump）。如果除去
這些，則數量有82個。

依據日本國立天文臺編《理科年表2020》

水星 金星 地球 火星 穀神星（矮行星）木星　　　　　　土星　　　　　　　　天王星

太陽　1au　　　　　　5au　　　　　　10au　　　　　　　20au

土星是太陽系中僅次於木星的巨行星，赤道半徑大約是地球的9.4倍，達6萬多公里。

成分幾乎全都是氫和氦。雖然星體巨大但是自轉速度快，大約11個小時就能自轉一周。由於快速自轉的影響，使其呈現赤道附近膨脹而南北向稍扁的球形。公轉週期為29.5年左右。

木星、天王星、海王星也擁有星環，但土星環的大小睥睨群星。

飄浮於大氣的雲層變化不斷，所以表面呈現條紋圖案。其中尤以稱為「大白斑」（Great-White Spot）的白色渦旋圖案最具特色。根據觀測所知，相較於木星上的大紅斑歷經300多年仍未消失，大白斑卻只幾個星期到幾個月即消失不見。

此外，土星的南極和北極都會出現極光，這是因為從太陽吹來的太陽風對土星磁場產生作用的緣故。土星所擁有的磁場與地球幾近相同。會形成這樣的磁場，可能是因為土星的地函約佔了60%半徑，相當巨大且活動也非常旺盛所致。

巨大的風暴

北半球中緯度附近顯現許多渦旋狀圖案，是土星上發生的巨大風暴（2011年1月12日以近紅外線所拍攝的影像予以著色而成的擬色畫面）。土星的赤道半徑大約6萬公里，由此可以想見風暴的規模有多巨大。

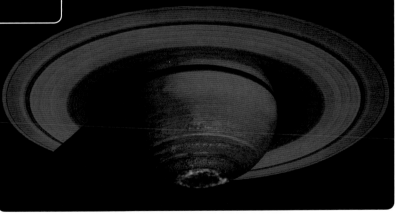

土星的極光

探測船「卡西尼號」於2008年拍攝的土星南極極光（下方綠色部分）畫面。藍色是陽光的反射，綠色是氫離子放出的光，紅色表示熱輻射。

海王星

30au

冥王星（矮行星）

40au

50au

125

寬度數十萬公里，厚度卻僅數百公尺的星環

土星的環大部分由冰粒聚集而成。環的寬度有20多萬公里，超過土星半徑的3倍。土星環顯眼到在地球上也能看到，但出人意料地，環的厚度只有數十至數百公尺而已，非常薄。因此，大約每隔15年會有一次，當環的側面轉到正對地球的方向時便好似消失不見。

此外，在北極附近還有一個奇妙的六邊形圖案，稱為「土星的六邊形」（Saturn's hexagon）。

土星的環於地球上使用小型望遠鏡就能看到。遠遠望去好像一片板子，但實際上分成好幾個部分。各個環採英文字母編號命名。

環之中最明顯的是A環、B環、C環。這些環主要由冰粒構成，粒子大小從數公分到數公尺不等。寬幅約達6萬公里。

土星環的構造

已發現A到G環。其中E環、F環非常細，D環、G環則非常薄。

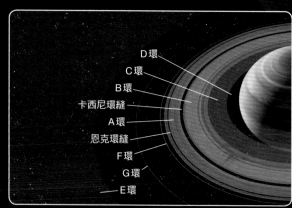

D環
C環
B環
卡西尼環縫
A環
恩克環縫
F環
G環
E環

從上方俯視土星

NASA探測船「卡西尼號」於2013年10月10日所拍攝的影像，乃從北側上方俯視土星及其星環的畫面。土星投影在環上的部分呈現黑色。

擁有液態湖泊和河川的土星最大衛星土衛六

土衛六（Titan）的半徑約2600公里，比水星（半徑約2400公里）還要大。此外，它也是太陽系中唯一擁有濃厚大氣的衛星。表面氣壓約1.5大氣壓。

大氣的主要成分是氮，使得整個土衛六呈橙紅色。由於遭厚密的濃霧遮蔽，所以無法利用可見光觀其表面。因此，以往都是使用雷射等方式進行表面觀測。

土衛六的表面有湖泊和河川等地形，是太陽系中除了地球之外，唯一表面有液體穩定存在的天體。絕大多數湖泊都是在北極附近發現的。不過其中液體成分並不是水，而是乙烷（C_2H_6）及甲烷（CH_4）。

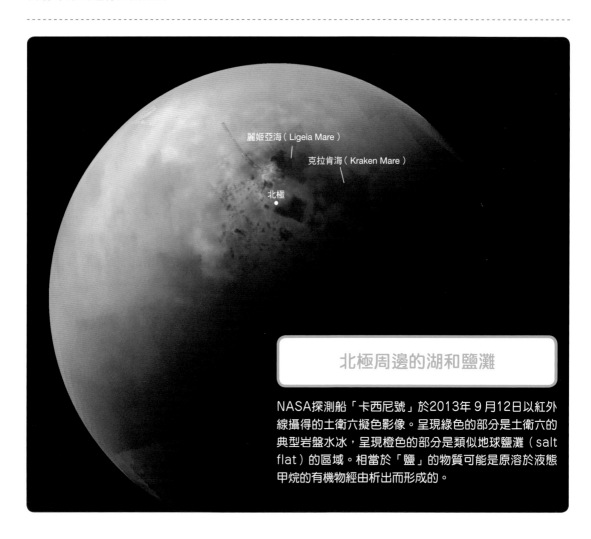

麗姬亞海（Ligeia Mare）

克拉肯海（Kraken Mare）

北極

北極周邊的湖和鹽灘

NASA探測船「卡西尼號」於2013年9月12日以紅外線攝得的土衛六擬色影像。呈現綠色的部分是土衛六的典型岩盤水冰，呈現橙色的部分是類似地球鹽灘（salt flat）的區域。相當於「鹽」的物質可能是原溶於液態甲烷的有機物經由析出而形成的。

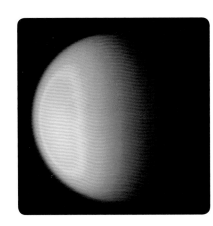

蒙受霧霾籠罩的土衛六

探測船「卡西尼號」拍攝的影像。接近肉眼所見的景象。籠罩在橙色霧霾裡，看不清表面。

土衛六的湖面漂浮著「冰」？

土衛六的湖泊想像圖。天空受到霧霾影響而呈現橙色。向遠方延伸的液態碳化氫湖面漂浮著碳化氫凍結的冰（畫面中呈現較液體顏色淺）。根據負責NASA卡西尼號任務的科學家所建立的新模型，如果條件足夠，會有大量甲烷和乙烷凍結的冰漂浮於湖面上。

> 專欄 COLUMN

土衛六的地底下有水之海？

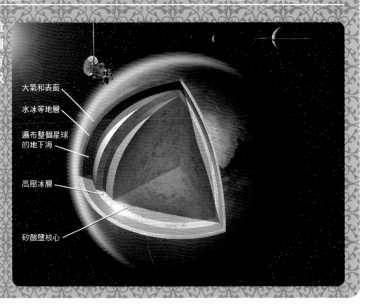

根據探測船「卡西尼號」觀測數據模擬的土衛六內部構造想像圖（2012年2月23日發表）。中心有岩質核心，地底下有液態水形成的海遍及整個星球。

大氣和表面
水冰等地層
遍布整個星球的地下海
高壓冰層
矽酸鹽核心

可能有生命存在的土衛二

土衛二（Enceladus）半徑約250公里，屬於比較小型的衛星。表面覆有冰地殼，全年平均溫度約為−200℃。

2005年2月，探測船「卡西尼號」在土衛二的南極附近拍攝到似乎是冰及水蒸氣等物正在噴發的場景。所噴出的稱為「羽流」。根據這項觀測，可以推斷在冰地殼下方極可能有液態水層存在。

以半徑250公里規模的衛星來說，通常內部已經冷卻，沒有融化冰的熱源存在。那麼土衛二地殼內部的熱又是從何而來呢？至今依然成謎。

其後，「卡西尼號」於2008年3月衝入羽流裡，成功地直接觀測到其中的物質。根據分析的結果，得知羽流除了水之外，也含有甲烷、一氧化碳、二氧化碳、乙烯及丙烯等有機物。熱源、液態水再加上有機物的存在，也指出土衛二的地下水層有生命存在的可能性很大。

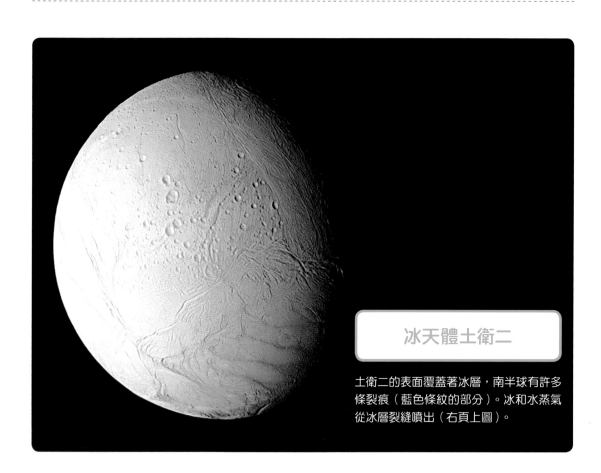

冰天體土衛二

土衛二的表面覆蓋著冰層，南半球有許多條裂痕（藍色條紋的部分）。冰和水蒸氣從冰層裂縫噴出（右頁上圖）。

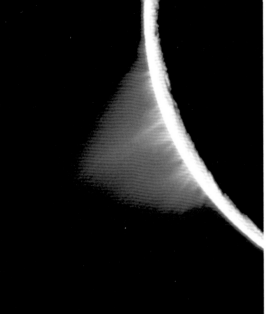

噴出的羽流

從土衛二南極附近噴出的羽流。土星12個環之中的「E環」可能是由這種噴出物所形成。影像已經著色處理，以便於看清構造及噴出物。

土衛二的內部環境

右圖所示為推測所得的土衛二內部環境。岩石「地殼」的周圍環繞著液態水（海）和冰層。地殼可能有許多縫隙，水藉縫隙滲到地殼深處。奈米矽（nano silica）是指微小的二氧化矽粒子。

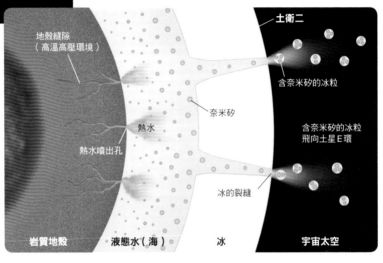

地殼縫隙
（高溫高壓環境）

熱水

熱水噴出孔

岩質地殼

液態水（海）

奈米矽

冰

宇宙太空

土衛二

含奈米矽的冰粒

含奈米矽的冰粒飛向土星E環

冰的裂縫

專欄 COLUMN　土星探測船「卡西尼號」

截至目前為止，抵達土星的任務有NASA的「先鋒11號」（Pioneer 11）和「航海家1號、2號」，還有就是NASA和ESA合作的「卡西尼號」，此乃為了紀念發現土星4個衛星的義大利天文學家卡西尼（Giovanni Domenico Cassini，1625～1712）而取其名。

這項任務由NASA負責環繞船「卡西尼號」，ESA負責降落土衛六的探測器「惠更斯號」（Huygens）。「卡西尼號」於2004年7月1日投入環繞土星的軌道，接著在2005年1月14日把探測器「惠更斯號」投到土衛六。「卡西尼號」執行的環繞探測作業持續到2017年，最後衝入土星大氣結束任務。

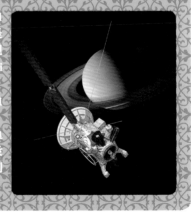

土
星
的
衛
星
③

土星是太陽系中擁有最多衛星的行星

至 2020年為止,已發現土星有82個※衛星。這使土星成為太陽系中衛星數量最多的行星。土星的衛星之中,土衛六出奇地大(半徑約2600公里)。第二大的衛星是半徑764公里的「土衛五」(Rhea)。此外,半徑超過500公里的衛星還有「土衛三」

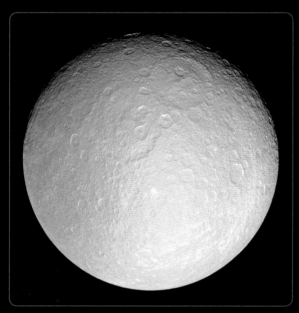

土衛四
半徑560公里。

土衛五
半徑764公里。

土衛一
大小209×196×191公里。

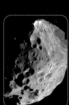

土衛九(Phoebe)
大小115×110×105公里。

土衛七(Hyperion)
半徑150公里左右。

土衛十六(Prometheus)
大小74×50×34公里。

土衛十七(Pandora)
大小55×44×31公里。

（Tethys，半徑530公里）、「土衛四」（Dione，半徑560公里）和「土衛八」（Iapetus，半徑718公里）。半徑超過100公里的衛星則有「土衛一」（Mimas）等幾個，其他的都是半徑數公里乃至數十公里的小衛星了。

這些衛星均由岩石及冰構成。較之木星、天王星等的衛星，土星衛星的密度非常低。這項特徵的成因可能是這些衛星含冰的比例高於岩石，導致密度較小。本單元介紹的是土衛六和土衛二以外的幾個衛星。所有影像都是探測船「卡西尼號」拍攝而得。

※：「S/2004S3」「S/2004S4」「S/2004S6」可能是同個衛星，或者是粒子團塊（clump）。如果除去這些，則數量有82個。

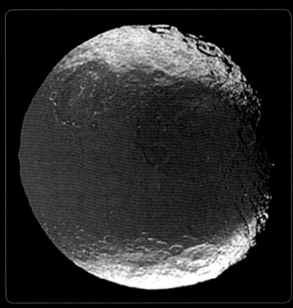

土衛八
半徑718公里。

土衛三
半徑約530公里。

土衛十（Janus）
大小97×95×77公里。

土衛十一（Epimetheus）
大小69×55×55公里。

土衛十五（Atlas）
大小18.5×17.2×13.5公里。

土衛十二（Helene）
大小18×16×15公里。

土衛十三（Telesto）
大小15×12.5×7.5公里。

土衛十四（Calypso）
大小15×8×8公里。

土衛十八（Pan）
在A環的「恩克環縫」公轉。半徑13公里。

土衛三十五（Daphnis）
在A環的「基勒環縫」公轉。
半徑不到3公里。

天王星的基本數據

橫躺自轉的青綠色冰質巨行星「天王星」

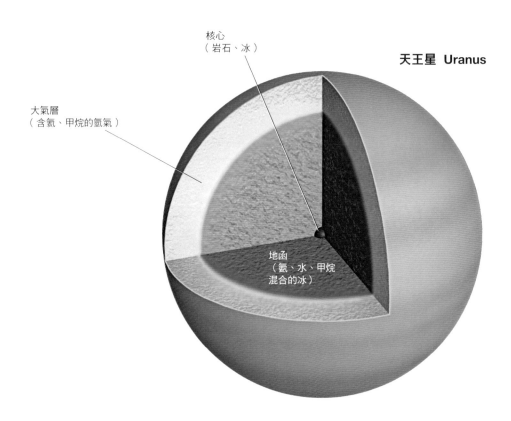

核心
（岩石、冰）

天王星 Uranus

大氣層
（含氦、甲烷的氫氣）

地函
（氨、水、甲烷
混合的冰）

基本數據

視半徑	1".93
赤道半徑	2 萬 5559km
赤道重力	地球的0.89倍
體積	地球的63倍
質量	地球的14.54倍
密度	1.27g/cm³
自轉週期	0.7183天
衛星數	27個

依據日本國立天文臺編《理科年表2020》

水星 金星 地球 火星　穀神星（矮行星）木星　　　　　　　土星　　　　　　　　　　　天王星

太陽　1au　　　　　　5au　　　　　　　　10au　　　　　　　　　　20au

天 王星是太陽系由內向外數的第 7 顆行星。是個冰質巨行星,半徑約 2 萬 5560公里,大小在太陽系行星當中排行第 3。此外,天王星擁有13個環和27個衛星。

覆蓋表面的氣體主要成分是氫和氦,也含有微量的甲烷和氨。甲烷會吸收橙紅色光,使得天王星呈青綠色。和木星及土星一樣,天王星也有強烈的噴射氣流沿東西方向流動,因而形成條紋圖案。

天王星最大的特徵是自轉軸傾斜98度之多,幾乎是橫躺的狀態。而磁場中心的磁軸則相對於橫躺自轉軸傾斜60度左右,並且偏離中心。

橫躺天王星的兩極晝夜週期非常長,1 天相當於地球的84年。也就是說,連續42年都是白天,再接著連續42年都是黑夜,乃以此週期反覆循環。

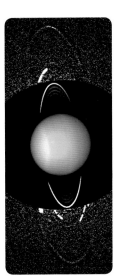

天王星的環

哈伯太空望遠鏡分別於2003年(最左)和2005年(左)所拍攝的影像。天王星擁有13個環。

顯現於表面的陰暗渦旋

哈伯太空望遠鏡於2006年 8 月攝得的天王星表面陰暗渦旋。渦旋大小約1700×3000公里。方框內的放大影像於對比效果做了強化處理。

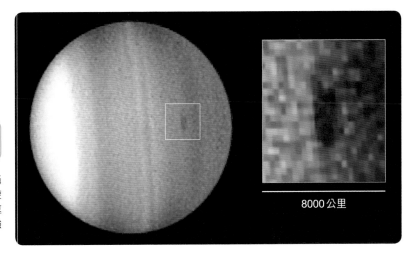

8000公里

海王星

30au

冥王星(矮行星)

40au

50au

135

會傾斜橫倒？

天 王星在剛誕生時可能和其他行星一樣，自轉軸相對於公轉面呈現幾近垂直的狀態。之後，如下圖所示，可能有一個跟行星差不多大的天體撞上了靠近天王星中心的位置，因而導致自轉軸傾斜橫倒。

由於碰撞的關係，行星大小的天體遭致完全破壞。當時產生的水蒸氣氣體或許就是組構天王星星環的原始材料。

這個推測是否正確，尚待未來做進一步調查。不過，根據最近的研究得知，在初的太陽系發生此種大規模碰撞並非罕見的象，所以目前這個假設算是最有力的說法。

專欄 COLUMN 天王星呈橫躺狀態的成因

按左前側至畫面邊側的順序，圖示為天王星逐漸橫躺下來的過程。原始天王星可能是遭行星大小的天體撞上，因衝擊而導致星體變成橫躺狀態。

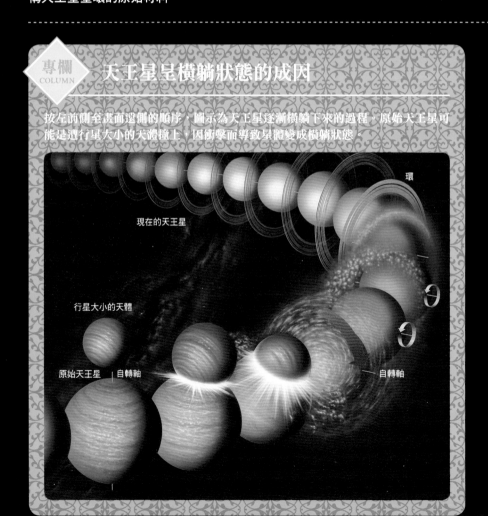

現在的天王星

環

行星大小的天體

原始天王星　｜自轉軸

自轉軸

Uranus' rotation axis

天王星的自轉軸

「航海家 2 號」拍攝的天王星

從距離910萬公里處拍攝的影像。顏色接近肉眼所見的狀態,但幾乎看不到什麼圖案。一般認為是大氣中的甲烷吸收紅光,所以才呈現這樣的顏色。

天王星所擁有的 27個衛星

天　王星擁有的27個衛星當中，最受矚目的是「天衛五」（Miranda）。

天衛五的半徑不到240公里，表面布滿了

彷彿用什麼工具抓耙過的巨大地形，以及深達20公里的槽溝。有一說認為，天衛五曾經反覆遭到破壞後再次集結，這樣的地形就是

天衛五

「航海家 2 號」於1986年 1 月24日所攝得。半徑約236公里，且在 5 個主要衛星當中公轉軌道最靠近天王星。

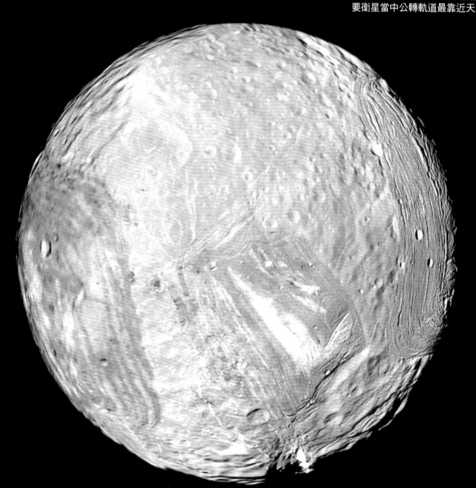

分分合合過程所留下的痕跡，但真正的原因目前並不清楚。

比較大的「天衛四」（Oberon）、「天衛三」（Titania）、「天衛二」（Umbriel）、「天衛一」（Ariel）、「天衛五」這 5 個衛星，是藉由地面上的觀測而發現的。其餘眾多小衛星則是經由探測船「航海家 2 號」和哈伯太空望遠鏡觀測發現。最大的衛星是半徑789公里的天衛三。

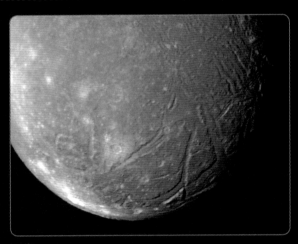

天衛一
「航海家 2 號」拍攝的天衛一南半球。整體布滿了隕石坑，但位於右側的巨大谷地區域就少有隕石坑了。左側的隕石坑邊緣十分明亮。半徑約579公里。

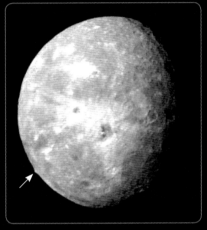

天衛四
可以看到多個巨大的隕石坑。左下方邊緣隆起的山（箭頭所指處）高度6000公尺。半徑約761公里。

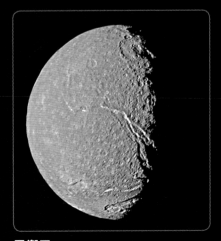

天衛三
地表布滿了隕石坑。右邊還有峽谷狀的地形。半徑約789公里，是天王星衛星當中最大的。

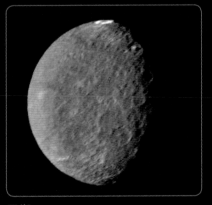

天衛二
「航海家 2 號」拍攝的天衛二南半球。半徑約585公里。在 5 個主要衛星當中最暗。在衛星最上方可見的白圈位於赤道附近。為什麼會呈現白色呢？原因不得而知。

太陽系中最遙遠的 藍色行星「海王星」

海王星的基本數據

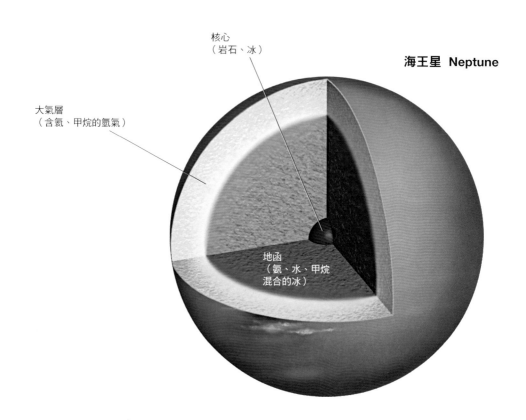

核心
（岩石、冰）

海王星　Neptune

大氣層
（含氦、甲烷的氫氣）

地函
（氨、水、甲烷
混合的冰）

基本數據

視半徑	1".17
赤道半徑	2萬4764km
赤道重力	地球的1.11倍
體積	地球的58倍
質量	地球的17.15倍
密度	1.64g/cm^3
自轉週期	0.6712天
衛星數	14個

依據日本國立天文臺編《理科年表2020》

水星	金星	地球	火星	穀神星（矮行星）	木星	土星	天王星

太陽　1au　　　　　　5au　　　　　　10au　　　　　　20au

太陽系 8 個行星當中海王星位在距離太陽最遠的地方，公轉週期約165年。半徑約 2 萬5000公里，是一個比天王星稍微小一點的冰質行星。但以密度來比較的話，它比木星還要大。此外，目前已經確認海王星擁有 5 個環和14個衛星。

表面呈現藍色，是因為包覆著海王星表面的氣體和天王星一樣含有甲烷，吸收了橙紅色光，所以看起來是藍色的。

海王星的大氣大部分是氫和氦，大氣圈以80公里的高度為界，以下是對流層，以上是平流層。

在1989年，探測船「航海家 2 號」還發現了直徑比地球還要大的陰暗斑紋，這是稱之為「大暗斑」（Great Dark Spot）的高氣壓渦旋。

1994年使用哈伯太空望遠鏡觀測時，這個大暗斑消失了。過了幾個月再度觀測，發現北半球形成了新的斑紋。由此可知，海王星的上層大氣會在短時間內產生極大的變化。

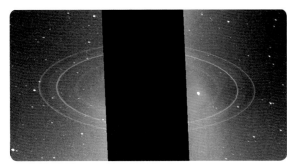

海王星的環

探測船「航海家 2 號」發現了 4 個細環。左圖中清楚地顯現出其中 2 個環。

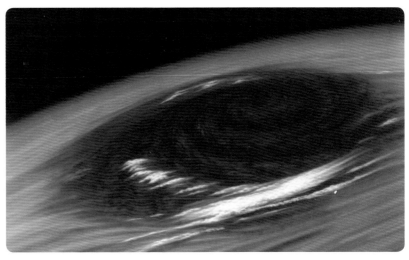

海王星的大暗斑

探測船「航海家 2 號」於1989年觀測到的大暗斑。可能是以秒速300公尺向西移動的高氣壓渦旋。比周邊區域高出一些，上空飄浮著白色的甲烷雲。

海王星
30au

冥王星（矮行星）
40au

50au

終究會墜落到海王星的逆行衛星海衛一

海王星擁有 5 個環和14個衛星。最大的衛星是海衛一（Triton），大小為月球的 4 分之 3 左右。

海衛一和月球一樣，自轉週期與公轉週期幾乎相同，因此總是以同一個面朝向海王星。不過，海衛一是個逆行衛星，它的公轉方向和海王星的自轉方向相反。

因此，海衛一可能是在和海王星不同的其他地方誕生，偶然來到海王星附近的時候遭致重力捕獲。

絕大多數衛星的公轉方向和母行星的自轉方向相同。因此，以地球的衛星月球為例，會因受到來自地球的潮汐力影響使得公轉速度加快，導致離地球越來越遠。不過，由於海衛一是逆行衛星，公轉方向和海王星的自轉方向相反，所以會受到來自海王星的潮汐力影響，使得公轉半徑逐漸縮小。這代表它可能終有一天會墜落到海王星上。

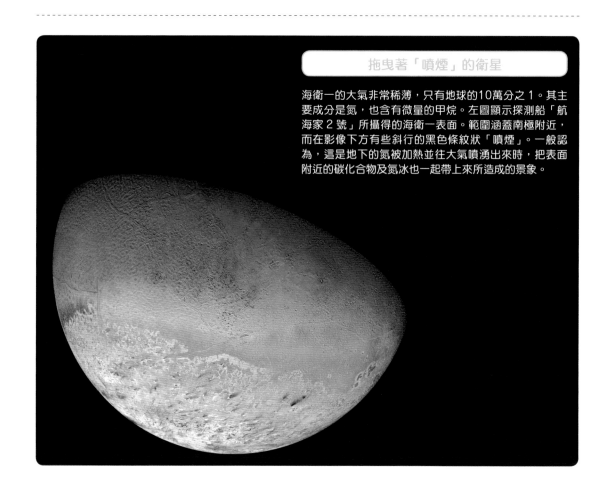

拖曳著「噴煙」的衛星

海衛一的大氣非常稀薄，只有地球的10萬分之 1。其主要成分是氮，也含有微量的甲烷。左圖顯示探測船「航海家 2 號」所攝得的海衛一表面。範圍涵蓋南極附近，而在影像下方有些斜行的黑色條紋狀「噴煙」。一般認為，這是地下的氮被加熱並往大氣噴湧出來時，把表面附近的碳化合物及氮冰也一起帶上來所造成的景象。

海王星與海衛一

探測船「航海家２號」於1989年７月３日
拍攝的海王星。右下方可見的小天體是其
衛星海衛一。

COLUMN

各個行星的
傾斜程度有多大？

天王星的自轉軸相對於公轉面傾斜約97.8度，所以，天王星幾乎是橫躺的狀態。

由於是以橫躺的姿態公轉，所以這就相當於地球上「永晝」與「永夜」的現象，看起來非常極端。右圖所示為天王星的公轉與地軸的傾斜。例如，天王星的夏至當天，在星體的幾乎整個北半球，一整天太陽都不會下沉（極晝）。而在相反側的南半球，則是一整天太陽都不會升起的極夜。此外，在極區地方，天王星的公轉週期84年期間，會有一半左右持續是白天，剩下的另一半則持續是夜晚。

各個行星的傾斜程度

天王星以外的行星自轉軸傾斜程度有多大呢？水星為幾近0度，金星約177.4度，地球約23.4度，火星約25.2度，木星約3.1度，土星約26.7度，海王星約27.9度。關於各個星體自轉軸的傾斜成因，目前還有很多尚待解明之處。

如果地球的地軸
沒有傾斜的話

地球的地軸傾斜大約23.4度。這個傾斜使得太陽的照射時間有所變化。在北半球，夏季白天時間比較長，反之到了冬天則夜晚的時間比較長。如果地軸沒有傾斜的話，會變成什麼情形？首先，白天和夜晚會均分變成各12個小時。北半球和南半球的差異也會消失。由於太陽一直照在赤道上，所以不會出現季節變化。再者，促使大氣產生循環所不可或缺的信風、極地東風和西風等，或許也會和現在的狀況迥然不同。

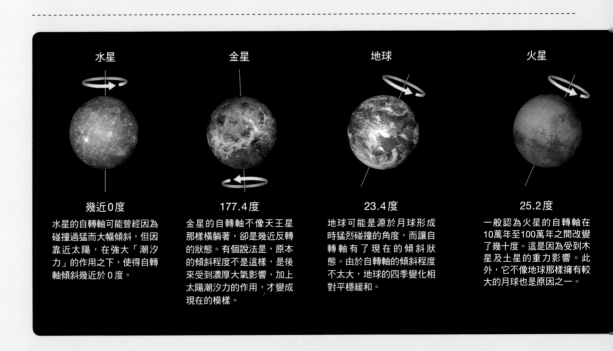

水星

幾近0度

水星的自轉軸可能曾經因為碰撞過猛而大幅傾斜，但因靠近太陽，在強大「潮汐力」的作用之下，使得自轉軸傾斜幾近於0度。

金星

177.4度

金星的自轉軸不像天王星那樣橫躺著，卻是幾近反轉的狀態。有個說法是，原本的傾斜程度不是這樣，是後來受到濃厚大氣影響，加上太陽潮汐力的作用，才變成現在的模樣。

地球

23.4度

地球可能是源於月球形成時猛烈碰撞的角度，而讓自轉軸有了現在的傾斜狀態。由於自轉軸的傾斜程度不太大，地球的四季變化相對平穩緩和。

火星

25.2度

一般認為火星的自轉軸在10萬年至100萬年之間改變了幾十度。這是因為受到木星及土星的重力影響。此外，它不像地球那樣擁有較大的月球也是原因之一。

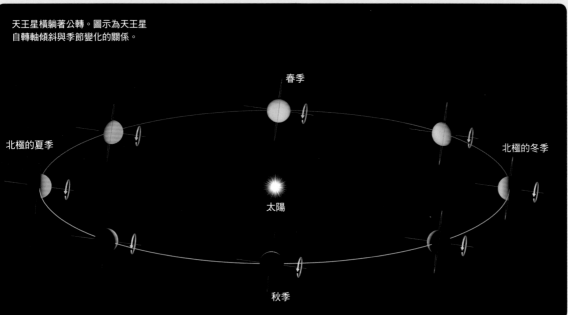

天王星橫躺著公轉。圖示為天王星自轉軸傾斜與季節變化的關係。

春季

北極的夏季

北極的冬季

太陽

秋季

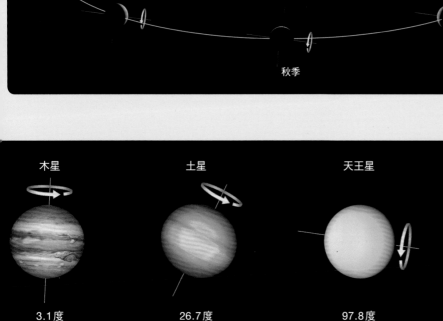

木星

3.1度

木星自轉軸的傾斜程度變小可能是發生在其形成過程中，從周圍的原始行星系圓盤吸取氣體之際。

土星

26.7度

一般認為，土星也和木星一樣是從原始行星系圓盤吸取氣體逐漸成長。若是這樣的話，土星的自轉軸傾斜程度為什麼比較大呢？這就成了一大謎題。

天王星

97.8度

天王星的自轉軸傾斜到幾乎是橫躺狀態。可能是猛烈碰撞的角度在偶然間造就了這樣的自轉軸，但實際原因不得而知。

海王星

27.9度

海王星的自轉軸為什麼會有這樣的傾斜程度，還不十分清楚原因為何。

6

矮行星與
小行星、彗星
Dwarf planet, Asteroids, Comet

太陽系天體的分類

大陽系的天體分為行星、矮行星、衛星、太陽系小天體等幾個類別。其中，行星是依照2006年國際天文學聯合會總會所訂定的「行星的定義」。

根據定義，太陽系的行星（planet）必須符合下列幾項條件：①環繞著太陽運行；②具有足夠的質量，本身重力得超越剛體作用於固體的其他各種力，才能維持重力平衡的形狀（幾近圓球的形狀）；③能清除本身軌道周圍的其他天體。

矮行星（dwarf planet）雖然是大型的天體，但不是軌道上的代表性天體。指的就是雖然滿足行星定義①和②兩項條件，但沒有滿足③的條件，卻又不是衛星的天體。

衛星是環繞著行星等星體運行的天體。除了行星、矮行星、衛星以外，其他環繞太陽公轉的天體則稱為太陽系小天體（small solar system bodies）。另外，在太陽系小天體之中，凡是位於海王星外側的天體，統稱為「海王星外天體」（trans-Neptunian object）。

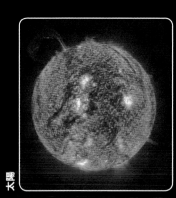

太陽

行星

類地星

水星
半徑2440km

金星
半徑6052km

地球
半徑6378km

火星
半徑3396km

類木行星

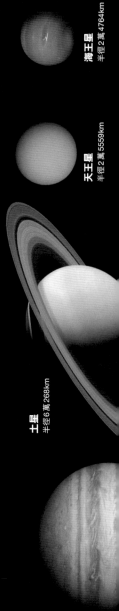

土星
半徑6萬268km

天王星
半徑2萬5559km

海王星
半徑2萬4764km

木星
半徑7萬1492km

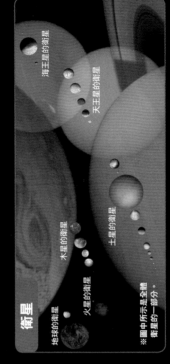

衛星

海王星的衛星

天王星的衛星

木星的衛星

土星的衛星

地球的衛星

火星的衛星

※圖中所示是全體衛星的一部分。

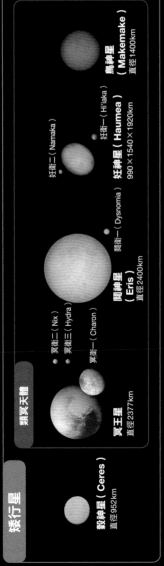

矮行星

類冥天體

穀神星（Ceres）
直徑952km

冥衛一（Charon）

冥衛二（Nix）

冥衛三（Hydra）

冥王星
直徑2377km

鬩衛一（Dysnomia）

鬩神星（Eris）
直徑2400km

妊衛一（Hi'iaka）

妊衛二（Namaka）

妊神星（Haumea）
990×1540×1920km

鳥神星（Makemake）
直徑1400km

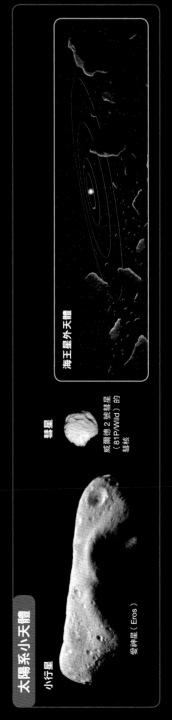

太陽系小天體

小行星

愛神星（Eros）

彗星

威爾德 2 號彗星（81P/Wild）的彗核

海王星外天體

曾是第 9 號行星卻改為矮行星的「冥王星」

冥王星經發現後,有很長一段時間被列為「第 9 號行星」。但是在2006年,根據新制訂的行星定義,冥王星遂分到「矮行星」這個新類別。

在太陽系行星之中,冥王星的位置最遠,太陽與冥王星的平均距離約為59億公里。冥王星的半徑為1188公里,相當於月球的 3 分之 2 左右。

冥王星的表面溫度為－230～－210℃,擁有以氮為主要成分的大氣。在比木星更遠的公轉軌道上運行的行星,全都籠罩在濃厚的大氣中,然而冥王星的大氣非常稀薄,大氣壓只有地球的10萬分之 1。此外,冥王星的公轉軌道呈現極端的橢圓形,而且軌道面是傾斜的。

諸如以上種種,冥王星是一個和其他 8 個行星天差地遠的天體,所以早在列為矮行星之前就很有爭議,一直有人質疑:「它真的是一個行星嗎?」

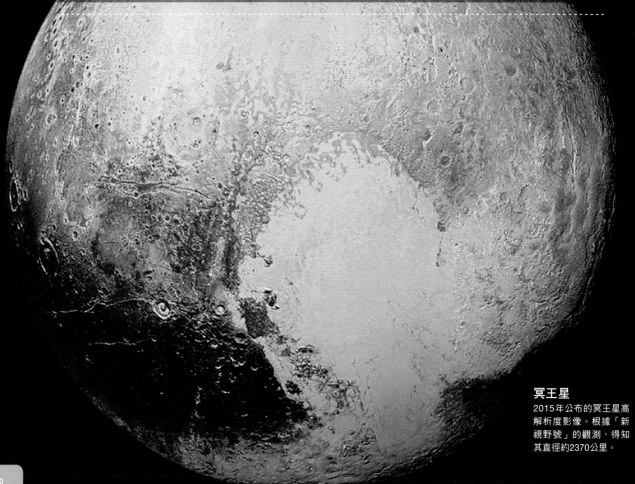

冥王星
2015年公布的冥王星高解析度影像。根據「新視野號」的觀測,得知其直徑約2370公里。

專欄 COLUMN　曾視為是雙行星的冥王星及其衛星冥衛一

冥王星擁有 5 個衛星。其中冥衛一大小達到冥王星的一半左右，以衛星來說可謂相當大。由於冥衛一太大了，因此有人主張冥王星和冥衛一並非行星和衛星的關係，而是屬於雙行星系，冥衛一應該和冥王星一起歸類為矮行星才對。關於雙行星的定義還沒有明確的界定，判斷依據大致上是指兩個天體的大小接近，且共同重心不在任一個天體的內部而是位於宇宙太空中。

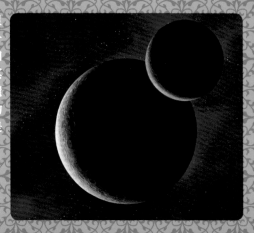

冥王星與衛星

冥王星及其衛星冥衛一、冥衛二、冥衛三。相對大小符合實際比例。

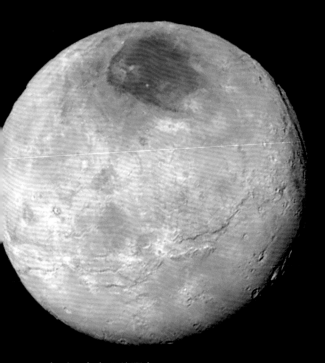

大到不太合理的冥衛一
2015年公布的冥王星衛星冥衛一的影像。直徑約1208公里，大小達冥王星一半左右。

部分表面為紅色的冥衛二
冥王星的衛星冥衛二。冥衛二的大小為長約42公里、寬約36公里。表面有一部分呈現紅色。這個紅色區域的表面物質含有許多雜質，成分可能與周邊區域不同。這是使用多光譜可見光成像相機「MVIC」（Multispectral Visible Imaging Camera）拍攝而得的影像，並對顏色差異做了強化處理。

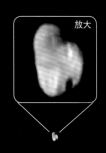

形狀不規則的冥衛三
冥王星的衛星冥衛三。冥衛三的大小為長約55公里、寬約40公里。已知呈現不規則的形狀。

觀測冥王星的探測船「新視野號」

NASA「新視野號」（New Horizons）探測船於2006年 1 月19日自地球出發，費時 9 年半飛越大約50億公里的距離，在2015年 7 月14日抵達冥王星。

冥王星與太陽的平均距離為地球與太陽的40倍左右，是非常遙遠的天體。因此，在那之前從沒有任何探測船飛到這個地方過。再加上冥王星過於遙遠而渺小，即使運用「哈伯太空望遠鏡」的性能和最新影像處理技術，也只能顯映出如右頁小圖般朦朧的面貌。

「新視野號」則接近到距離冥王星大約 1 萬2500公里的地方。

「新視野號」後來在2019年 1 月 1 日通過古柏帶（Kuiper belt）天體附近，並把畫面傳回地球。

所謂的古柏帶，是指在太陽系的外緣，有無數個以冰為主要成分的天體呈帶狀分布的區域（詳見第164頁）。

路徑與最接近時的軌道

「新視野號」在最接近冥王星的時候，通過了冥王星 5 個衛星之中於最內側公轉的冥衛一公轉軌道附近（依據參與探測計畫的約翰霍普金斯大學網站資訊製成）。

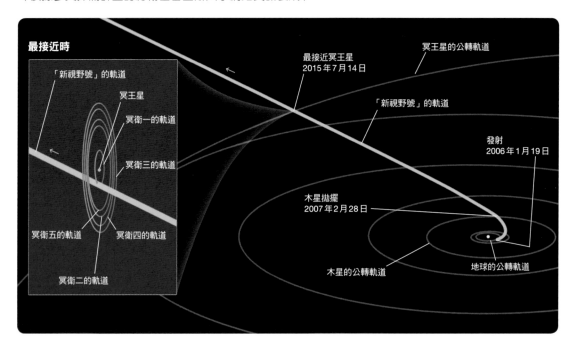

最接近時

「新視野號」的軌道
冥王星
冥衛一的軌道
冥衛三的軌道
冥衛五的軌道
冥衛四的軌道
冥衛二的軌道

最接近冥王星
2015 年 7 月 14 日

「新視野號」的軌道

冥王星的公轉軌道

發射
2006 年 1 月 19 日

木星拋擺
2007 年 2 月 28 日

木星的公轉軌道

地球的公轉軌道

探測船「新視野號」

NASA的冥王星探測船「新視野號」。配備有高能粒子、太陽風及電漿、紫外線攝影、可見光及紅外線攝影各種分光裝置，以及望遠攝影裝置等等。

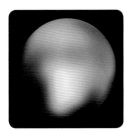

自地球附近拍攝的冥王星

左圖為依據「哈伯太空望遠鏡」過去拍攝之數據資料製成的冥王星面貌。雖然符合大致的特徵，但從地球附近進行觀測，這樣的解析度已是極限。

專欄 COLUMN　哈伯太空望遠鏡

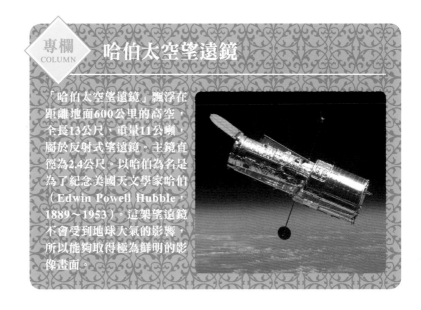

「哈伯太空望遠鏡」飄浮在距離地面600公里的高空，全長13公尺，重量11公噸，屬於反射式望遠鏡。主鏡直徑為2.4公尺。以哈伯為名是為了紀念美國天文學家哈伯（Edwin Powell Hubble，1889～1953）。這架望遠鏡不會受到地球大氣的影響，所以能夠取得極為鮮明的影像畫面。

探測船揭明的
冥王星地表

跨頁大圖是把探測船「新視野號」的拍攝資料合成一整張的冥王星地圖。地圖上 1～3 號區域的影像分別是以下所列這 3 張照片。

在大地圖的 1 號區域附近，左側是白色平滑的平原，右側則遍布高地。下列最左的 1 號影像是該區域為陽光斜照時的樣貌。畫面中可以看到類似冰川流淌的形狀（紅色箭頭包夾的部分）。這些川流看起來一直延續到左側綠色箭頭一帶。假設這些是發達的冰川，那麼或許可以推測，從左側冰凍平原蒸發的氮落在右側高地，之後再度以冰川之姿流回平原，就這樣在極寒的冥王星上形成了氮的循環。

將大地圖 2 號區域放大而得的影像中，可以看到類似樹皮或爬蟲類皮膚的奇妙凹凸地形。目前還不太清楚這種地形的形成機制。

下列最右一張是把大地圖 3 號區域放大之後的影像。可以清楚看到並列於中央的低矮山丘周圍遍布著小窪地。

氮的大循環

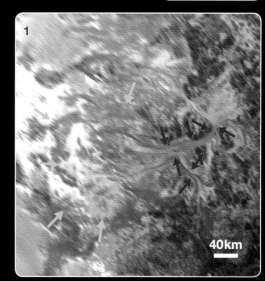

1

40km

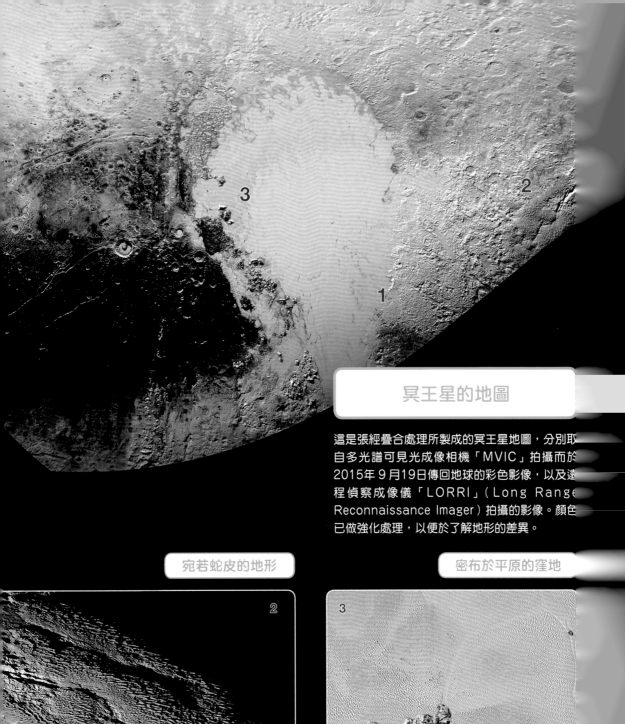

3

2

1

冥王星的地圖

這是張經疊合處理所製成的冥王星地圖，分別取自多光譜可見光成像相機「MVIC」拍攝而於2015年9月19日傳回地球的彩色影像，以及遠程偵察成像儀「LORRI」（Long Range Reconnaissance Imager）拍攝的影像。顏色已做強化處理，以便於了解地形的差異。

宛若蛇皮的地形

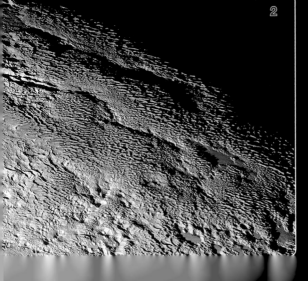

2

密布於平原的窪地

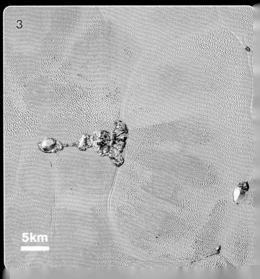

3

5km

冥王星以外的矮行星

目前認定的矮行星有 5 個，分別是冥王星、穀神星、鬩神星、鳥神星和妊神星。其中，除了穀神星之外，其餘 4 個都是位於海王星外側的「海王星外天體」，稱之為「類冥天體」（plutoid，或稱類冥矮行星）來加以區別。

大多數海王星外天體都沒有使用探測船和望遠鏡拍攝的精細影像。因此，本單元的鬩神星、鳥神星和妊神星僅是依據各種觀測資料描繪出假想表面的擬圖。

穀神星的影像是NASA探測船「黎明號」（Dawn）於2015年 2 月19日在 4 萬6000公里的距離拍攝而得。穀神星在發現之初原被

視為行星，最後分類為矮行星。

鬩神星是極為接近行星定義的天體。2003年發現的鬩神星比當時仍是行星的冥王星還要大，這件事促使天文學界重新思考行星的定義。

鳥神星於2005年發現。表面泛紅，可能為甲烷冰所包覆。鳥神星這個名字來自復活節島神話中的神祇。

妊神星於2004年發現。自轉速度非常快，每 4 個小時自轉一周，或許是這個原因導致星體朝赤道方向拉長而成為橢圓形。

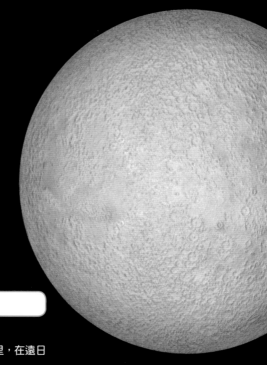

穀神星

直徑：952km
義大利天文學家皮亞齊（Giuseppe Piazzi，1746～1826）於1801年發現。直徑只有水星的 5 分之 1。以4.6年的週期在距離太陽 4億1379萬公里的軌道上公轉。

鬩神星

直徑：2377km
與太陽的距離為在近日點約57億公里，在遠日點約146億公里。

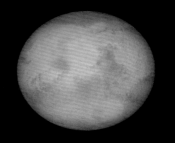

妊神星

大小：990×1540×1920km
與太陽的距離為在近日點約52億公里，在遠日
點約77億公里。

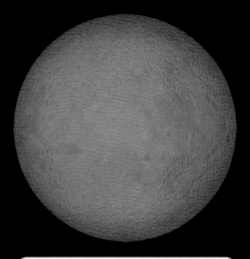

鳥神星

直徑：1400km
幾近球形。與太陽的距離為在近日點約57億公
里，在遠日點約79億公里。

專欄 COLUMN 對穀神星做環繞探測的探測船「黎明號」

NASA探測船「黎明號」於2007年9月發射，2011年探測小行星灶神星（Vesta）之後，2015年3月抵達穀神星。「黎明號」花了3年半的時間持續對穀神星進行環繞探測，直到2018年才結束長達11年的任務。總飛行距離約69億公里。「黎明號」也稱為「曙光號」。

位於「小行星帶」中的無數個小行星

太陽系中除了行星及其衛星、矮行星之外，還有許多小天體存在。其中一種就是「小行星」。

小行星集中在火星軌道和木星軌道之間的區域，稱為「小行星帶」。截至2020年為止，已編號完成的小行星超過54萬個，而軌道尚未確定的小行星據說也有數十萬個以上。關於這些小行星的起源，可以追溯到太陽系誕生的時期。

一般認為，在微行星不斷地碰撞、合併而逐漸成長為行星的過程中，有一些未能成長為行星而殘留下來，也有一些在成長為大型天體之後又因劇烈碰撞等因素而迸裂。

墜落到地球的隕石大部分原本是小行星。勘查之後發現，這些隕石的組成非常接近太陽。太陽的質量占了整個太陽系質量的絕大部分，所以太陽的組成和太陽系整體的組成幾乎是相同的。因此，如果能探知小行星的組成及其形成過程，或許也有助於我們了解太陽系的初期樣貌。

專欄
COLUMN

小行星帶的位置與小行星的類型

小行星大多位於火星軌道與木星軌道之間的小行星帶。在其中繪著相似軌道運行的眾小行星稱為「族」。同一族的小行星，可能是一個原始行星發生碰撞並遭到破壞後所形成。小行星的類型（S型、C型等等）是依據其表面反射的陽光光譜（各個波長光的強度分布）之觀測結果加以分類。

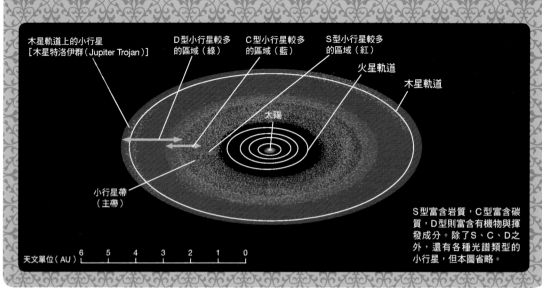

木星軌道上的小行星
〔木星特洛伊群（Jupiter Trojan）〕

D型小行星較多的區域（綠）

C型小行星較多的區域（藍）

S型小行星較多的區域（紅）

火星軌道

木星軌道

太陽

小行星帶（主帶）

S型富含岩質，C型富含碳質，D型則富含有機物與揮發成分。除了S、C、D之外，還有各種光譜類型的小行星，但本圖省略。

天文單位（AU） 6 5 4 3 2 1 0

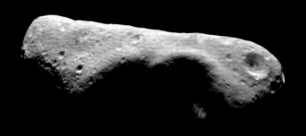

愛神星（Eros，433號小行星）

NASA小行星探測船「會合-休梅克號」（NEAR Shoemaker）拍攝而得。大小約33×13×13公里。公轉週期約643天，自轉週期約 5 小時16分鐘。

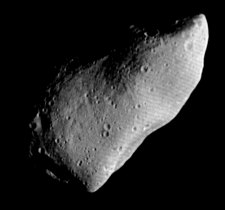

加斯普拉（Gaspra，951號小行星）

木星探測船「伽利略號」拍攝而得。形狀不規則，大小約19×12×11公里。表面有許多小隕石坑。

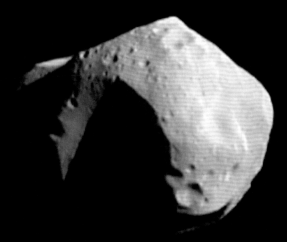

瑪蒂爾德（Mathilde，253號小行星）

小行星探測船「會合-休梅克號」於1997年拍攝而得。大小約66×48×46公里，比愛神星大一些。

艾達的衛星艾衛

艾達（Ida，243號小行星）

木星探測船「伽利略號」拍攝而得。長約52公里。和加斯普拉一樣，表面有許多小隕石坑。此外，還發現艾達的衛星「艾衛」（Dactyl，右框內影像）。

採集小行星「糸川」微粒子的探測船「隼鳥號」

JAXA於2003年5月發射的小行星探測船「隼鳥號」（Hayabusa）在2005年9月抵達小行星「糸川」（25143 Itokawa）。

糸川是一個極為普通的小行星。話雖如此，與其勘查特殊的天體，不如勘查普通的天體，更能獲取與太陽系整體形成相關的重要線索。

「隼鳥號」花了1個半月的時間進行科學觀測，然後在糸川著陸，採集實驗樣本。

糸川由小岩塊集結而成，這是第一次藉由小行星確認這樣的構造。可能是原來的天體與其他天體發生碰撞而破裂，當時的碎片集結之後形成糸川。

2010年6月13日，「隼鳥號」克服了各種困難和障礙，終於回到地球，把「回收艙」（recovery capsule）投放到地球上。這是史上第一次從月球以外的天體帶回樣本。

回收艙帶回約1500個大小在0.01～0.1毫米左右的糸川微粒子，予以進行詳細的分析。

糸川

大小約535×294×209公尺。形狀像極了浮在水面上的海獺，表面布滿了各種大小的岩石。

小
行
星
探
測
船
①

「隼鳥號」

「隼鳥號」的本體於2010年回到地球之際，於衝入大氣層時燃燒殆盡。2014年發射「隼鳥2號」。

糸川的微粒子

返回地球的「隼鳥號」投放到地球的回收艙所採集的一種糸川微粒子。使用掃描電子顯微鏡拍攝的影像。根據多個微粒子的分析結果，截至2011年8月26日為止已闡明了幾件事：微粒子具有曾加熱到大約800℃高溫的特徵；從該溫度可以推測糸川的來源天體直徑為20公里左右；微粒子的組成與墜落地球的隕石其中一種相似；微粒子的表面具有在宇宙太空中風化的痕跡等等。

採集小行星「龍宮」岩石的探測船「隼鳥2號」

20 19年2月22日，JAXA的小行星探測船「隼鳥2號」在距離地球約3億4000萬公里的小行星「龍宮」（162173 Ryugu）著陸「觸地」（touchdown），完成採集岩石和沙粒等物後再度升空。

「隼鳥2號」的探測任務當中，特別引人注目的一點在於，向小行星射入子彈以製造人工隕石坑，以便採集地底下的岩石及沙粒。地底下的岩石及沙粒不會遭受太陽風（太陽放出的電漿流）、宇宙線（穿梭於宇宙間以質子為主的高能量粒子）、微小隕石撞擊等造成的變質作用（宇宙風化）影響，所以可能還保持著小行星形成之初的狀態。若能採集地底下的岩石及沙粒，不僅可以取得更原始的岩石及沙粒，還能拿來和已經宇宙風化的表面岩石及沙粒做比較，或許可以藉此了解宇宙中的物質是如何進行宇宙風化的。

「隼鳥2號」於2019年11月離開小行星，於2020年12月回到地球。朝地面放出回收艙之後，就繼續飛往其他小行星進行下一項探測任務。

龍宮

小行星龍宮於1999年發現。2015年9月正式命名為「龍宮」。推算其直徑為900公尺左右。

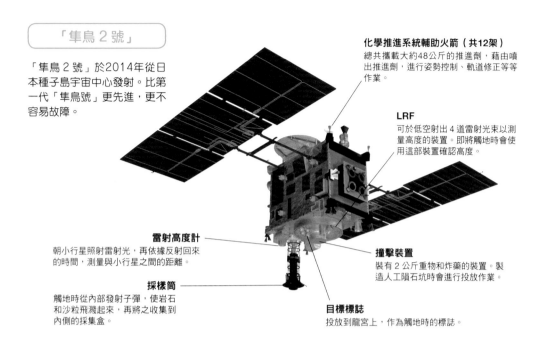

「隼鳥 2 號」

「隼鳥 2 號」於2014年從日本種子島宇宙中心發射。比第一代「隼鳥號」更先進,更不容易故障。

化學推進系統輔助火箭(共12架)
總共攜載大約48公斤的推進劑,藉由噴出推進劑,進行姿勢控制、軌道修正等等作業。

LRF
可於低空射出 4 道雷射光束以測量高度的裝置。即將觸地時會使用這部裝置確認高度。

雷射高度計
朝小行星照射雷射光,再依據反射回來的時間,測量與小行星之間的距離。

撞擊裝置
裝有 2 公斤重物和炸藥的裝置。製造人工隕石坑時會進行投放作業。

採樣筒
觸地時從內部發射子彈,使岩石和沙粒飛濺起來,再將之收集到內側的採集盒。

目標標誌
投放到龍宮上,作為觸地時的標誌。

龍宮與糸川的公轉軌道

在接近地球軌道的軌道上公轉的小行星稱為「近地小行星」。龍宮和糸川都是軌道面接近地球軌道面的近地小行星,很適合派遣探測船前往勘查。

糸川
金星 水星
太陽
火星
地球
龍宮

龍宮和「隼鳥 2 號」

圖示為從70公尺高空拍攝的龍宮表面。黑色物為「隼鳥 2 號」的影子。

位於海王星外側的無數個小天體「海王星外天體」

在 海王星外側的區域也發現了許多小天體，這些小天體稱為「海王星外天體」或「古柏帶天體」。

天文學家艾奇沃斯（Kenneth Essex Edgeworth，1880～1972）和古柏（Gerard Peter Kuiper，1905～1973）先後在1940及1950年代分別提出預測，在太陽系外緣有一個帶狀區域，由無數個以冰為主要成分的小天體分布於其中。這個區域後來稱為「古柏帶」或「艾奇沃斯-古柏帶」（Edgeworth-Kuiper belt）。

此外，位於海王星外側的矮行星也包含在海王星外天體之中。其中最具代表性的天體就是冥王星，所以這些矮行星也稱為「類冥矮行星」或「類冥天體」。

目前已經發現大約3200個海王星外天體，這個數字包含了軌道還不明確的天體。

古柏帶的分布區域大約在30～50天文單位的範圍［不過「賽德娜」（Sedna）的軌道最遠處距離太陽大約1000天文單位］。在比50天文單位更遠的區域則幾乎看不到海王星外天體，惟原因不明。

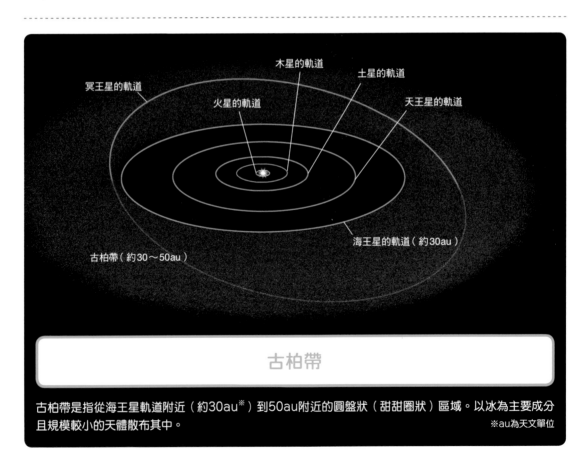

冥王星的軌道

木星的軌道

土星的軌道

火星的軌道

天王星的軌道

海王星的軌道（約30au）

古柏帶（約30～50au）

古柏帶

古柏帶是指從海王星軌道附近（約30au※）到50au附近的圓盤狀（甜甜圈狀）區域。以冰為主要成分且規模較小的天體散布其中。

※au為天文單位

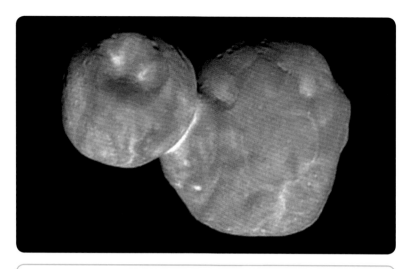

海王星外天體「艾羅克斯」

NASA探測船「新視野號」於2019年抵達古柏帶區域的天體「艾羅克斯」[486958 Arrokoth，舊稱「烏爾提馬托雷」（Ultima Thule）]進行觀測。對冥王星以外的海王星外天體來說，這是探測船的首次造訪。艾羅克斯形狀彷彿雪人，但實際上它可能是兩個圓盤狀天體輕觸撞在一起而形成的。

専欄
COLUMN

海王星外天體是如何形成的？

根據太陽系行星形成的模型，離太陽越遠，則行星形成所花的時間就越長。也就是說，海王星外天體可能就是因為缺乏成長為行星所需的材料，導致成長陷入停止狀態的天體。

「彗星」、「流星」與墜落地面的「隕石」

「彗星」是由含有微塵粒子的冰所構成的小天體。只有在接近太陽時，才會形成稱為「彗髮」（coma）的大氣層，有時還會拉出非常長的尾巴。

彗星的軌道也和行星大不相同。軌道已經確定的彗星中，有半數是橢圓形軌道或拋物線形軌道，其中也不乏雙曲線形軌道。此外，也有像哈雷彗星那樣，公轉方向和行星相反的彗星。

所謂的「流星」，是指太陽系內的微小天體或固體粒子衝進大氣圈，因為摩擦熱而發光的現象。

流星的原物質大小從0.1毫米以下到數公分不等，有很多種。平均質量不到 1 公克，大約在150～100公里的高空發光，來到70～50公里的高度消失。飛入地球大氣的量一天可達數十公噸。

從行星之星際空間墜落地球的彗星、小行星及行星碎片等等，大部分成了流星於大氣圈燃燒殆盡。還未燒光就掉落到地面的即為「隕石」。

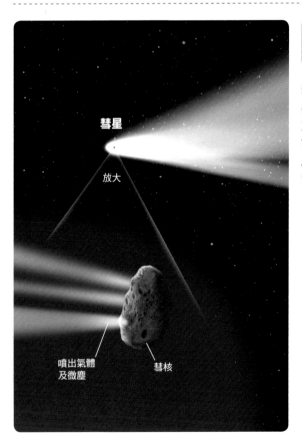

彗星

放大

噴出氣體及微塵

彗核

拖曳長尾的彗星

彗星的本體稱為「彗核」，平均直徑約數公里。彗星在每個週期的絕大多數時間只有彗核，惟接近太陽時為太陽的熱加溫，彗核內的冰昇華，形成含有微塵粒子的彗髮。尾巴是從彗髮中朝太陽的反方向拉曳而出，通常有 2 種類型，一種是藍白色的「離子尾」（ion tail），另一種是帶點黃色的「塵埃尾」（dust tail）。

隕石

「隕石」可依其組成分為各以岩石或鐵為主體的「石質隕石」與「鐵質隕石」，以及岩石和鐵混雜的「鐵石隕石」，總共3 種。

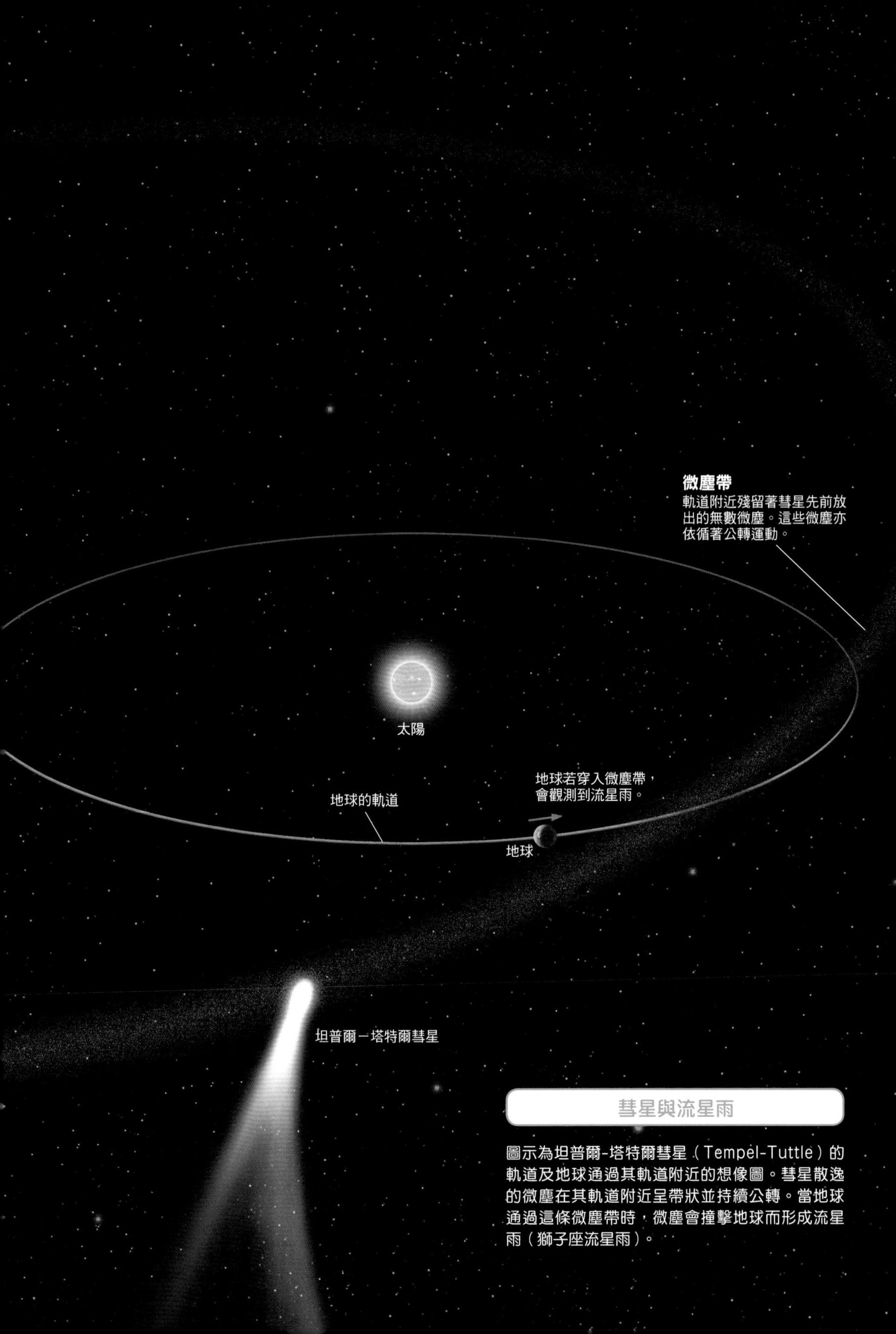

彗星、流星與隕石

微塵帶
軌道附近殘留著彗星先前放
出的無數微塵。這些微塵亦
依循著公轉運動。

太陽

地球的軌道

地球若穿入微塵帶，
會觀測到流星雨。

地球

坦普爾－塔特爾彗星

彗星與流星雨

圖示為坦普爾-塔特爾彗星（Tempel-Tuttle）的
軌道及地球通過其軌道附近的想像圖。彗星散逸
的微塵在其軌道附近呈帶狀並持續公轉。當地球
通過這條微塵帶時，微塵會撞擊地球而形成流星
雨（獅子座流星雨）。

太陽系的邊界在哪裡

太陽系以黃道面[※]為中心，呈圓盤狀擴展開來。一般認為其半徑為30～50天文單位。

來自太陽的電漿流稱為「太陽風」，能夠吹颳到距離太陽大約100天文單位遠的地方，這個範圍稱為「太陽圈」（heliosphere）。太陽系在銀河系的星際空間中移動，太陽圈發揮著有如磁盾般護衛太陽系的作用。

探測船「航海家1號」和「航海家2號」先後於2004年、2007年飛抵「終端震波面」（termination shock）。所謂終端震波面是指

太陽風衝撞星際介質時，在撞擊面內側形成的震波面。這個撞擊面稱為「日球層頂」（heliopause），自太陽放射過來的太陽風會因為與星際介質的交互作用而開始減速。

從此處再往外1萬～10萬天文單位的地方，廣布著球殼狀的「歐特雲」（Oort cloud）。這就是人類目前已知的太陽系邊界。

※：太陽在天球上的平均通道。譯註：黃道面一般是以行星為定義的主角。地球環繞太陽公轉的軌道平面。

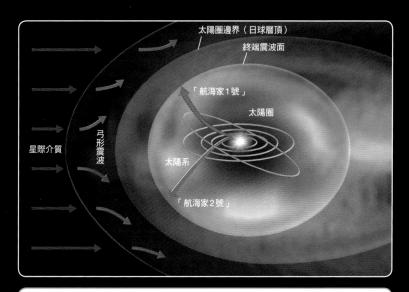

探索太陽系盡頭的探測船

探測船「航海家1號」和「航海家2號」抵達「終端震波面」，位於太陽風與星際介質交界處的太陽圈邊界（日球層頂）內緣。比較1號和2號的數據資料之後，發現往南飛的2號抵達距離比較短。這意味著，太陽圈在南北方向上並非對稱。1號和2號分別於2012年和2018年飛越太陽圈（詳見第170頁）。

歐特雲

太陽系往外大約 1 萬～10萬天文單位的地方，可能有個名為
「歐特雲」的彗星巢穴。彗星是以冰為主要成分的小天體，
原本以為它們在太陽系到歐特雲之間為連續性分布。但根據
最近的觀測，在比50天文單位遠的地方很少發現有小天體的
蹤跡，推測太陽系和歐特雲之間或許並沒有藉由這樣的小天
體串連在一起。歐特雲可能是長週期彗星的起源地。

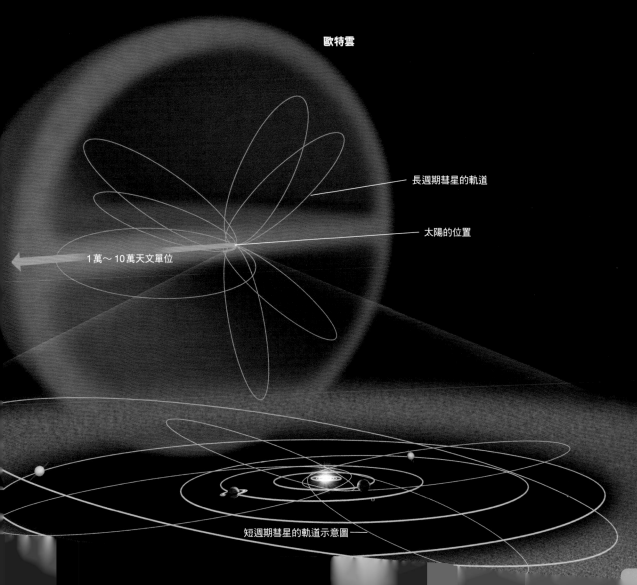

歐特雲

長週期彗星的軌道

太陽的位置

1 萬～ 10 萬天文單位

短週期彗星的軌道示意圖

飛出太陽圈的探測船「航海家號」

太陽會吹送出稱為「太陽風」的帶電粒子（電漿），影響的範圍稱為「太陽圈」。

NASA宣布探測船「航海家2號」於2018年11月5日飛出了太陽圈。

耗費27年歲月才飛抵太陽圈邊界

「航海家號」是雙胞胎探測船，2號於1977年8月20日發射，1號則是在2個星期後發射。1號雖然發射較晚，卻率先抵達木星。

這艘探測船在觀測木星、土星、天王星、海王星之後，於2004年飛抵距離太陽大約140億公里的「太陽圈邊界」。

再過3萬年才會脫離太陽重力的影響

「航海家2號」所攜載的電漿流量計於2018年11月開始顯示出周圍的電漿流逆轉了。不只流量計，就連磁力計等其他儀器也偵測到環境的變化。「航海家1號」雖然早在2012年就已脫離太陽圈，但因為流量計停擺的緣故，無法確認電漿流的方向是否逆轉。

「航海家2號」可以說是已經脫離太陽圈，不過仍處於太陽重力能夠影響的範圍內。如果繼續保持目前的飛行步調，則「航海家2號」想要脫離太陽重力的影響，還需要大約3萬年的時間。

截至2021年10月，「航海家1號」已經飛抵距離地球約231億公里以外的地方，而「航海家2號」則飛抵距離地球約191億公里以外的地方。

若想知道「航海家號」的即時航行距離，可以查詢以下所附的NASA網站。

https://voyager.jpl.nasa.gov/mission/status/

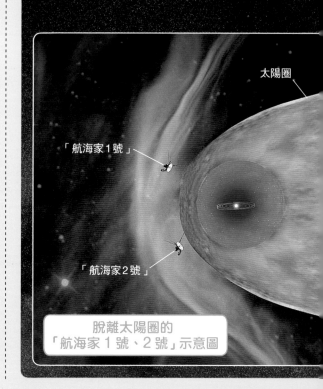

探測船「航海家號」

「航海家1號」和「航海家2號」在不同的軌道上觀測木星及土星，然後依循慣性定律飛向太陽系外側。「航海家1號」是距離地球最遠的人造物，其紀錄目前仍不斷地更新中。嚴格來說，「航海家1號和2號」並非完全以相同的速率筆直航行，會由於太陽及行星的重力影響等因素，導致速度產生微妙的變化。

太陽圈

「航海家1號」

「航海家2號」

脫離太陽圈的「航海家1號、2號」示意圖

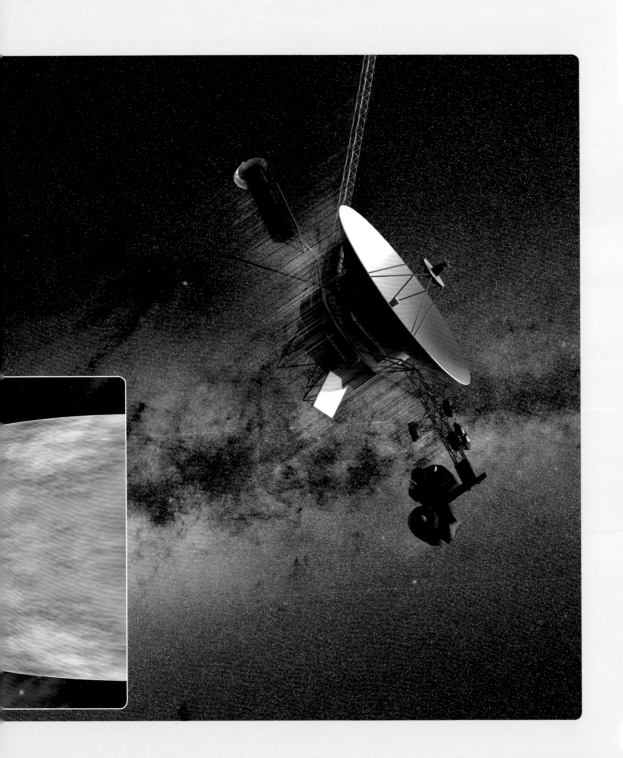

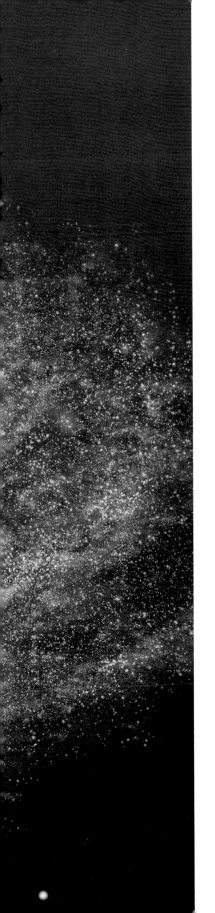

7

太陽系的誕生
與死亡

History of the solar system

宇宙在138億年前誕生，其後生出無數恆星

宇宙的誕生

宇宙的歷史

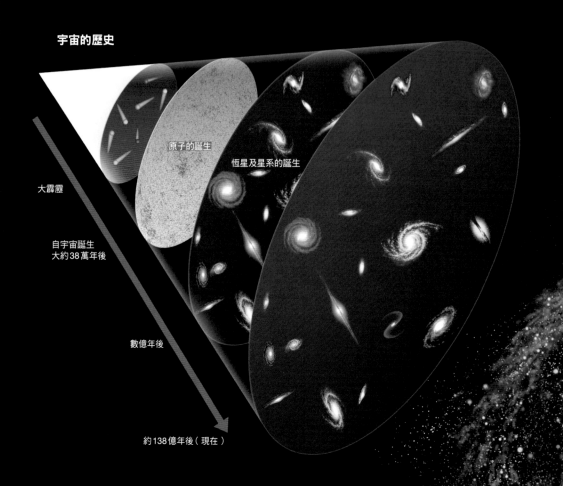

大霹靂

自宇宙誕生
大約38萬年後

原子的誕生

恆星及星系的誕生

數億年後

約138億年後（現在）

創生出無數恆星和星系

圖示為隨著宇宙誕生並持續膨脹，眾多星系逐漸
成長的情景。

太 陽系在大約46億年前誕生。宇宙則是在更早之前，大約於138億年前誕生。

宇宙誕生之初，規模比現在小了許多，各式各樣的「基本粒子」遭致緊密壓縮，呈現宛如灼熱「火球」般的狀態。這個「火球」後來急速膨脹，也就是所謂的「大霹靂」（big bang）。

誕生後宇宙持續膨脹，同時溫度也逐漸下降，使得原本四處飛竄的基本粒子集結成團，最終形成原子。初期存於宇宙中的元素可能絕大多數都是氫。

氫原子在宇宙空間中並非都以相同狀態存在，會因為地方不同導致密度出現些微差異。密度較大的地方，重力促使眾多氫原子集結，形成氫分子的氣體。

然則可能是在宇宙誕生的數億年後，才從氫氣集團中孕育出最初的恆星。陸續誕生的恆星集團再形成「星系」。

以這種方式誕生的星系之一，便是太陽系所屬的「銀河系」。

銀河系想像圖

銀河系是一個由無數恆星組成的集團，直徑大約10萬光年，構造呈圓盤狀。

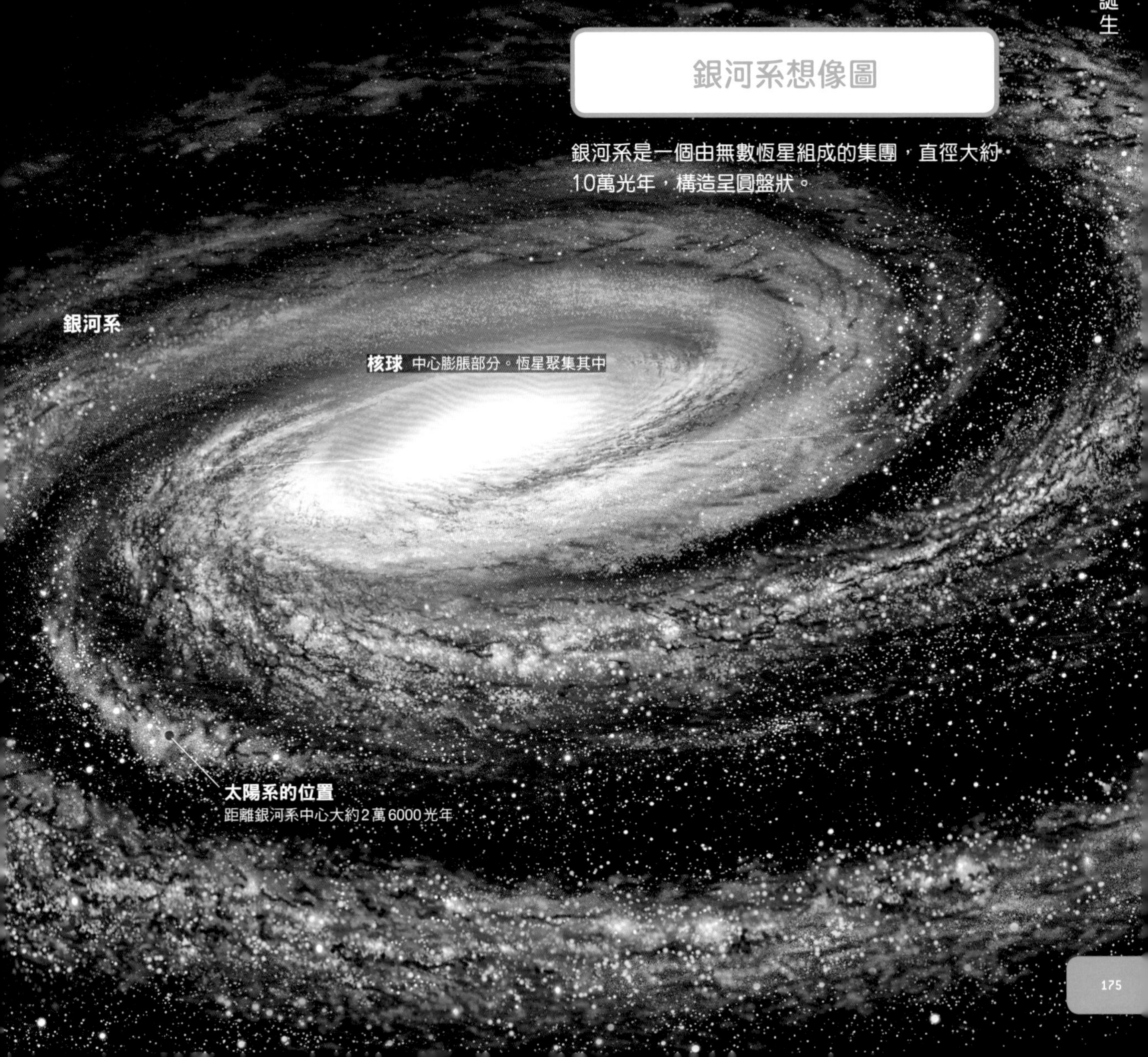

銀河系

核球 中心膨脹部分。恆星聚集其中

太陽系的位置
距離銀河系中心大約2萬6000光年

太陽與恆星的形成

暗星雲孕育的
原始太陽種子

太陽系創生之初,最先乃肇始於太陽的形成。

夜空中有一種星雲稱為「暗星雲」(dark nebula,absorption nebula)。即使是在銀河之類的恆星密集地帶,仍會有看起來烏黑一片的區域,那就是暗星雲。利用無線電波觀測這個黑暗區域之後,發現暗星雲是一團溫度極低的氣體,主要成分是氫。

由於其中發現的大量氫剛好是太陽的主要成分,所以有些科學家認為,這種暗星雲正是太陽誕生之處的模型,主張氫聚集在特定場所,孕育出原始太陽的「蛋」。

實際上,於1965年確實在暗星雲裡面發現了溫度非常低的星體。

由於該星體確實是在大量氫密集之處發現的,所以它可能是星體一生當中最原始(年幼)的恆星狀態。一般認為,在孕育恆星的區域,會有許多個恆星於幾乎是同一個時期誕生。

暗星雲

超新星爆炸是太陽誕生的契機?

約是太陽質量 8 倍以上的恆星在結束一生的時候,會發生稱為「超新星爆炸」的大爆炸。一般認為,大約46億年前,在現今太陽系將要誕生的地方,也曾經有一個恆星發生超新星爆炸。雖然還無法確定超新星爆炸的衝擊是否真為太陽誕生的關鍵,不過當鄰近星際雲的密度增加,該區便會因為彼此的重力(引力)開始壓縮。而這個開始部分壓縮的星際雲,可能就成了太陽系誕生的舞台。影像所示為哈伯太空望遠鏡拍攝的超新星殘骸NGC2736。

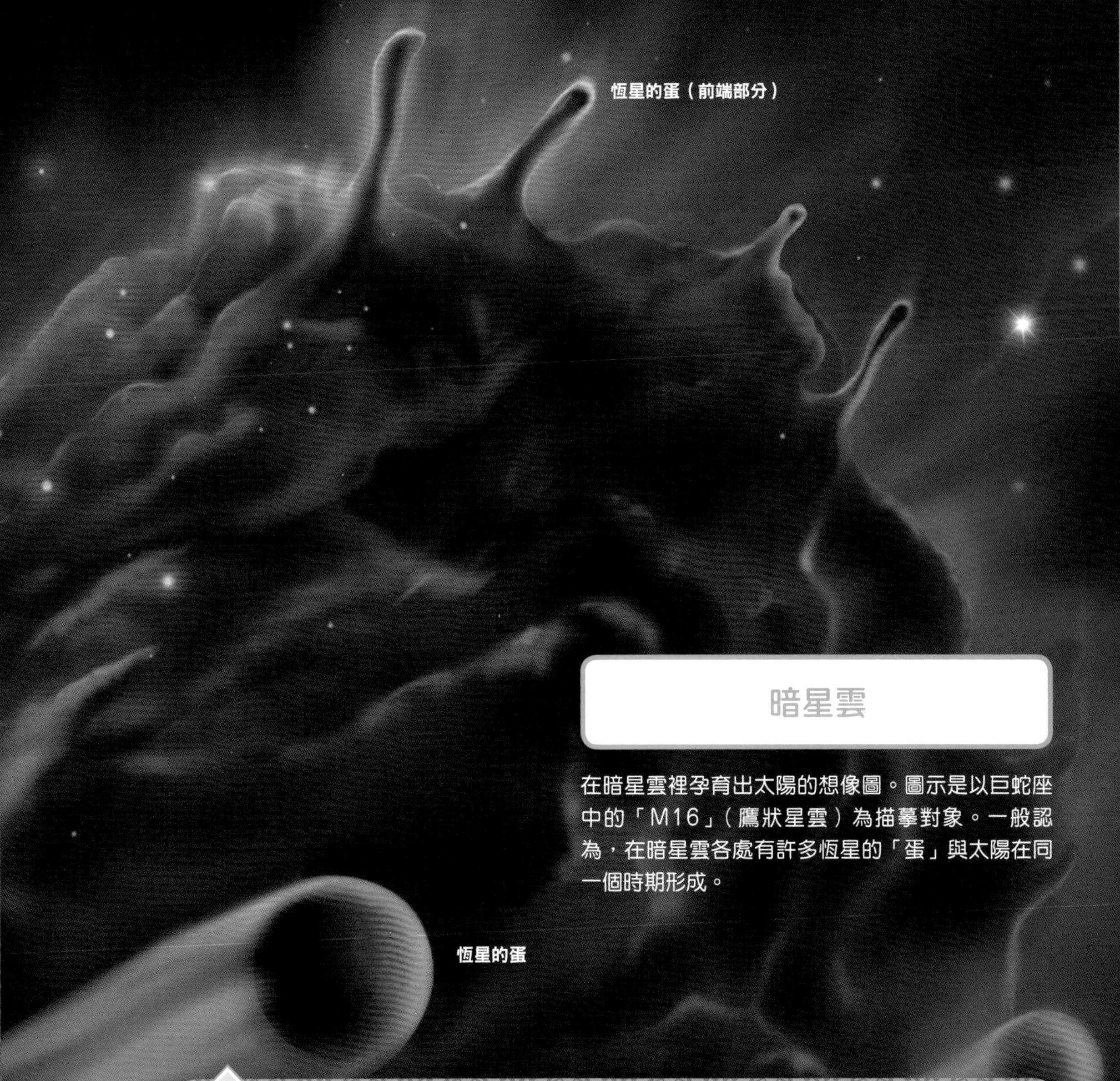

恆星的蛋（前端部分）

暗星雲

在暗星雲裡孕育出太陽的想像圖。圖示是以巨蛇座中的「M16」（鷹狀星雲）為描摹對象。一般認為，在暗星雲各處有許多恆星的「蛋」與太陽在同一個時期形成。

恆星的蛋

專欄 COLUMN　實際的暗星雲

這個不是太陽系，而是哈伯太空望遠鏡所拍攝，位於船底座（Carina）方向上的瀰漫星雲 NGC3372（船底座 n 星雲）之一部分。所謂瀰漫星雲，是一種形狀不規則的明亮星雲。明亮部分源於高溫氣體的區域，看似陰暗剪影的部分則是溫度較低的氣體及微塵分子。這個陰暗區域有一部分正是孕育新生恆星的暗星雲，也稱為恆星的孢子。

氣體圓盤中心傳出太陽的初生啼聲

太陽系的母體星際雲可能是以太陽種子為中心，一邊旋轉一邊劇烈地壓縮。

隨著壓縮的進行，星際雲中心區的溫度、壓力、密度逐漸升高。最後壓縮速度趨於平緩，形成一個明亮的氣體球。這就是「原始太陽」的誕生過程。

剛誕生的太陽比現在大上許多，半徑可能達到10倍之多。而且，它散發著偏紅的光芒，亮度可能也是現在的10倍。不過，由於中心區的溫度不高，所以燃燒氫轉換成氦的「核融合反應」還沒有發生。

原始太陽周圍殘餘的星際雲因為旋轉而形成平坦的氣體圓盤，稱為「原始太陽系圓盤」。

一般認為，圓盤的大小是從中心算起半徑達100天文單位（約150億公里）左右的範圍，質量為太陽的1%左右。推測氣體圓盤的成分絕大多數是氫、氦等氣體，其中大約1%則是固體微塵。

圓盤的氣體在形成後不久即呈劇烈的亂流狀態。

大量氣體從氣體圓盤掉落到原始太陽，釋放出重力能量。如跨頁圖所示，從中心朝垂直於圓盤的方向上劇烈噴出氣體，形成噴流（jet）。

專欄 COLUMN 噴流與暗星雲

下左圖為距離地球大約1500光年的反射星雲NGC1999，由哈伯太空望遠鏡於2000年拍攝而得。畫面中央附近有一個剛誕生的恆星，其光芒照耀整個星雲。陰暗部分為暗星雲。下右圖是稱為赫比格-哈羅111（Herbig-Haro 111）的天體，可以看到剛誕生的星體放出噴流，與周圍物質碰撞時形成的明亮震波。圖中上半部是以可見光拍攝而得，顯映出長達12光年的巨大噴流。下半部則是以紅外線拍攝而得，彷彿包住噴流基部的陰暗物質是原始行星系圓盤的一部分，呈現紅色。

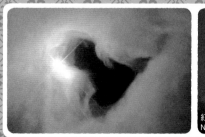

可見光
WFPC2

紅外線
NICMOS

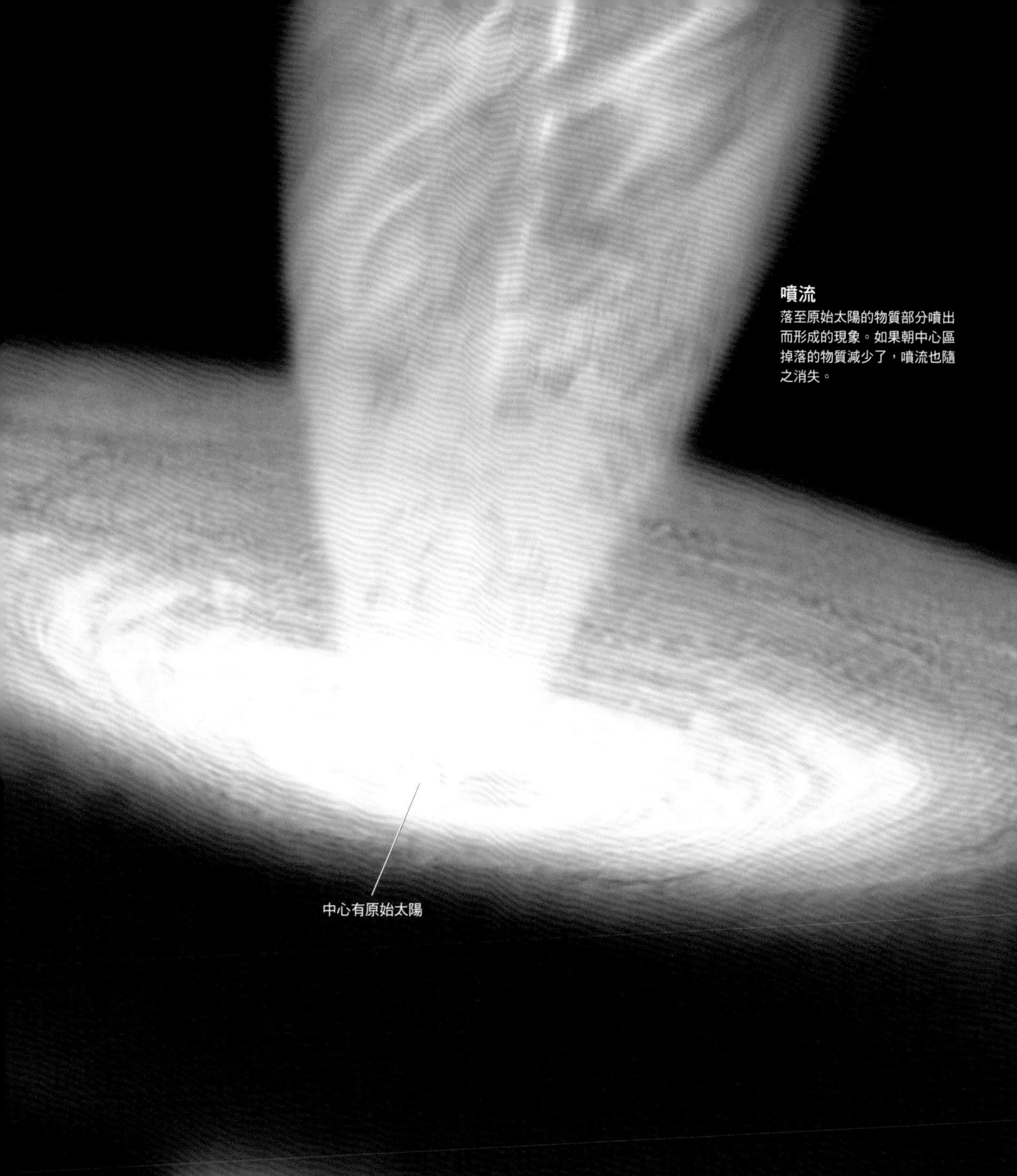

噴流

落至原始太陽的物質部分噴出而形成的現象。如果朝中心區掉落的物質減少了，噴流也隨之消失。

中心有原始太陽

原始太陽開始發出光芒

圖示為原始行星系圓盤的中心區誕生原始太陽的狀態想像圖。在某個期間，往原始太陽掉落之物質的量達到上限，導致部分物質在落至原始太陽之前，由於磁場作用等因素而噴出，形成「噴流」。

由無數微塵孕育而成的原始行星

收縮結束後，氣體圓盤逐漸冷卻，固體微塵（矽酸鹽等）開始集結。

無數的微塵受到旋轉氣體圓盤的離心力和原始太陽的引力作用，紛紛飄落在氣體圓盤的赤道面。

微塵累積在赤道面上，密度越來越大，導致微塵之間的引力效果也逐漸大過太陽的引力效果。微塵層陷入重力不穩定的狀態，形成了分散錯落的團塊。

經此過程所形成的小天體，直徑有數公里，稱為「微行星」（planetesimal）。整個太陽系當中，微行星可能多達100億個。

微行星原本都在幾乎相同的平面上環繞著原始太陽運行。但後來由於彼此間的重力（引力）令軌道混亂而交錯失序，導致微行星反覆地碰撞、合併，然後逐漸變大。

一般認為，大型微行星更容易發生碰撞而變得更大，並且逐漸成長為「原始行星」。這是因為越大的微行星重力越強，更容易在較大的範圍把微行星吸引過來，使得碰撞的機率急劇增加。這樣的快速成長稱為「爆發性成長」。

越靠近圓盤內側微行星越密集，而且運行速度較快，碰撞頻率也高。因此，原始行星是從靠近太陽的地方先形成的。

原始行星

在接近正圓的軌道上公轉，這個階段不會互相碰撞

原始行星

「原始行星」的誕生

微行星互相碰撞、合併，爆發性地成長為原始行星。處於爆發性成長期的原始行星，乃藉微行星碰撞產生的熱以及原始大氣的溫室效應，形成一片「岩漿海」。

100億個微行星

微行星的大小為數公里。靠近太陽的地方形成以岩石（矽酸鹽及氧化物）和鐵為主體的微行星；離太陽較遠的地方則由於溫度低而形成以冰（水、甲烷、氨）為主體的微行星。隨著微行星的形成，微塵減少變得稀疏，開始看得到位於中心的太陽。

原始行星系圓盤的氣體成分還殘留著的狀態

微行星的碰撞與合併

無數個微行星藉由碰撞、合併而成長為原始行星。

微行星

微行星

成長中的原始行星

岩質行星與氣體行星的誕生

圓盤的氣體有些朝中心的太陽掉落，有些則因為「光致蒸發」（photoevaporation，遭來自太陽的紫外線及X射線加熱導致氣體散逸的現象）等因素而緩緩消失。

一旦失去圓盤的氣體，原始行星便會因為彼此的重力導致圓形軌道錯亂，進而互相碰撞。之後原始行星之間開始發生稱為「大碰撞」（giant impact）的大規模碰撞，致誕生水星、金星、地球、火星這類岩質行星的雛形。

另一方面，從木星軌道往外側的區域，因為有大量的微塵（固體成分）可以作為原料，進而誕生質量為地球5～10倍的天體。天體的大小一旦達到這個程度，便會從周圍的原始行星系圓盤不斷地吸取氣體，木星和土星乃於焉誕生。不過，越靠外側軌道的天體（核心）需要花越多的時間才能成長壯大，而且圓盤的氣體會不斷地散失。比木星更外側的土星，質量只有木星的3分之1左右，可能就是因為土星不像木星那樣有充裕的時間吸取足夠的氣體。

至於更外側的天王星和海王星，核心的成長更為緩慢，所以只能從快要消失的氣體圓盤中奮力吸取少量的氣體了。

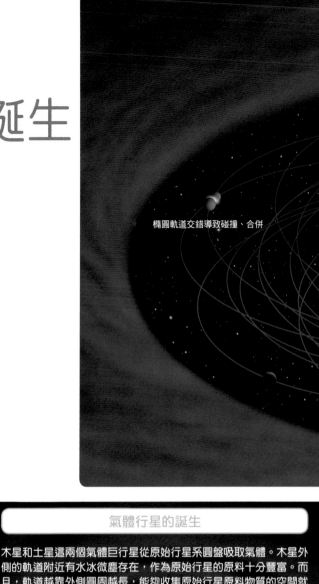

橢圓軌道交錯導致碰撞、合併

氣體行星的誕生

木星和土星這兩個氣體巨行星從原始行星系圓盤吸取氣體。木星外側的軌道附近有水冰微塵存在，作為原始行星的原料十分豐富。而且，軌道越靠外側圓周越長，能夠收集原始行星原料物質的空間就越廣闊。

太陽

內側軌道的氣體已消失？

木星軌道附近的氣體已遭木星大量吸取，所剩不多

吸取大量氣體的木星雛形

剛開始吸取氣體的土星雛形

光是在火星軌道內側就有數十個原始行星曾經存在,由於彼此的重力導致軌道混亂,進而發生碰撞。於是,形成了水星、金星、地球、火星等岩質行星的雛形。

原始行系系圓盤中
氣體消失的狀態

太陽

對原始行星系圓盤之微塵的觀測

昂星團望遠鏡(Subaru Telescope)能夠觀測原始行星系圓盤中固體成分「微塵」的分布。影像所示為其觀測成果之一例,觀測對象為編號「SAO206462」的恆星周圍。白色部分表示微塵較濃的區域。中央黑色部分是使用「日冕儀」(coronagraph)裝置所造成的暗影,目的在於把中心恆星的強光遮住,以免妨礙觀測。該恆星位於豺狼座的方向上,距離地球450光年,推估是在大約900萬年前才成為原恆星(protostar)的年輕恆星。

30au
(太陽與海王星的平均距離)

從原始太陽到現今的太陽

圓盤的氣體剛消散時的原始太陽,核心密度較低,還未發生核融合反應。太陽的中心部位由於本身重力而持續壓縮,密度逐漸提高,溫度也跟著升高。當溫度達到1000萬K(克耳文)時,便開始發生氫的核融合反應。結果,核融合反應產生的膨脹力和重力造成的收縮力達到平衡,太陽遂進入穩定而明亮的時期。

現今太陽的形成過程

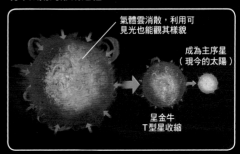

氣體雲消散,利用可見光也能觀其樣貌

成為主序星
(現今的太陽)

星金牛
T型星收縮

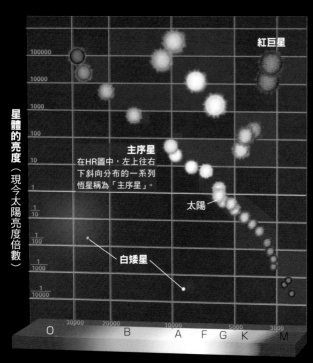

紅巨星

星體的亮度(現今太陽亮度倍數)

100000
10000
1000
100
10
1
1/10
1/100
1/1000
1/10000

主序星
在HR圖中,左上往右下斜向分布的一系列恆星稱為「主序星」。

太陽

白矮星

光譜(星體的顏色)

絕對溫度(K)
※對數刻度

O 30000 20000 10000 5000 3000
B A F G K M

恆星的HR圖

「HR圖」(Hertzsprung-Russell diagram,赫羅圖)用於表示恆星之絕對星等(亮度)與表面溫度(顏色)的關係。橫軸為星體的顏色(光譜),縱軸為星體的亮度,據以在圖上標定恆星的位置。圖中,從左上的亮藍白星到右下的暗紅星,這一系列的恆星稱為「主序星」。銀河系的恆星有大約90%符合主序星的條件,太陽也是典型的主序星之一。

但在大約60億年後的遙遠未來，太陽可能會把中心部位的氫消耗殆盡。雖然中心部位的核融合反應停止了，但其外側仍然會繼續發生氫的核融合反應。不過核融合反應產生的膨脹力和重力造成的收縮力將會失去平衡，使得中心部位開始收縮，外側則開始膨脹。像這樣膨脹起來的恆星稱為「紅巨星」（red giant）。

然後，一下收縮一下膨脹的太陽會同時釋放外層的氣體。如果我們從太陽系外觀看這個結局的景象，應該會見到如同現在我們稱之為「行星狀星雲」（planetary nebula）這類天體一般的模樣（如下圖所示）。預估屆時太陽的中心部位會變成「白矮星」（white dwarf），在此之後便即半永久性地逐漸冷卻下來。

太陽放出來的元素應該會在宇宙太空中飄浮，然後混入銀河系內某個地方的分子雲裡面。而且或許會在此再孕育出新的恆星和行星。

太陽的一生

太陽歷經左頁所示的「金牛T型星」（T Tauri star）再演化成現今的樣貌。所謂「金牛T型星」是指即將發生核融合反應前的階段。如果金牛T型星收縮，就會演化成現今的主序星 —— 太陽。未來，太陽還會陸續演化成紅巨星、白矮星。此外，比太陽稍亮而溫度較低的星體中，第一個觀測到的正是「金牛座的T星」，T代表「Tauri」，意即「金牛座」，此為其命名之由來。

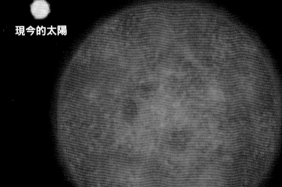

演化成紅巨星的太陽

現今的太陽

演化成白矮星的太陽

太陽將逐漸演化成超巨大的紅色星體

今後太陽又會產生什麼樣的變化呢？本單元將詳細地探討。

太陽的核心目前正進行著由 4 個氫原子核結合成 1 個氦原子核的「核融合反應」。這個反應會一直持續到核心的氫耗盡為止。

等到氫都用完，核心只剩下氦的時候，應該是距今63億年後的事情了。以氦為主要成分的太陽中心區將會形

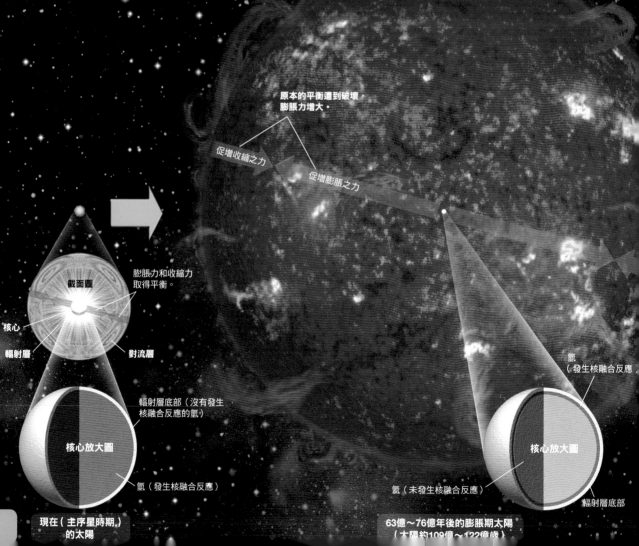

1. 發生核融合反應的場所轉移到外側

原本的平衡遭到破壞，膨脹力增大。

促增收縮之力

促增膨脹之力

截面圖

膨脹力和收縮力取得平衡。

核心

輻射層

對流層

輻射層底部（沒有發生核融合反應的氫）

核心放大圖

氫（發生核融合反應）

氦（發生核融合反應）

核心放大圖

氦（未發生核融合反應）

輻射層底部

現在（主序星時期）的太陽

63億～76億年後的膨脹期太陽（太陽約109億～122億歲）

成只有氦的核心，此時太陽的年齡是109億歲。

純粹由氦構成的核心再也無法發生核融合反應。因此，核心會由於本身的重力而開始收縮，接著因為收縮的關係產生熱。其熱會導致核心周圍的溫度大幅升高，促使核心周圍的氫開始發生核融合反應。

現在太陽的核心仍在進行氫的核融合反應，所以才能維持一定的大小。但是，一旦星體的能量不是來自核心，而是來自其周圍的話，太陽的外層就有可能會開始膨脹。

當外層開始膨脹，太陽的顏色可能也會逐漸改變。膨脹的結果使得太陽表面溫度降低，於是太陽的顏色從現在的黃色轉變成紅色。不斷膨脹的太陽到了123億歲的時候，預估直徑將會是現在的200倍以上，體積將增加到現在的800多萬倍，變成一個非常巨大的星體。

2. 氦的核融合反應開始

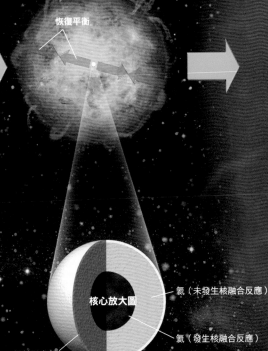

恢復平衡

核心放大圖

氦（未發生核融合反應）

氫（發生核融合反應）

輻射層底部

約76億～77億年後暫時收縮的太陽
（太陽約122億～123億歲）

3. 氦和氫以雙層殼構的形式燃燒

平衡再度遭到破壞，膨脹力增大。

促增收縮之力

促增膨脹之力

氫（發生核融合反應）

氦（未發生核融合反應）

氦（發生核融合反應）

核心放大圖

氧、碳（未發生核融合反應）

輻射層底部

77億年後的太陽
（太陽約123億歲）

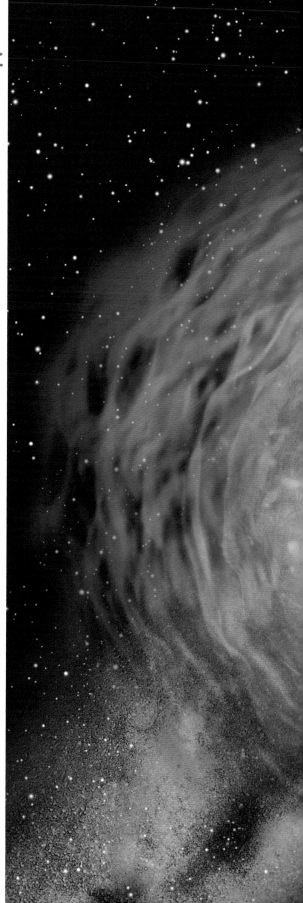

太陽外側逐漸剝離消失

一般認為，太陽演化成紅巨星之後，會進一步演化成「行星狀星雲」。

所謂的行星狀星雲，是指中心恆星釋放的氣體擴散開後所呈現的明亮可見狀態。位居中心的恆星是還沒有冷卻的白矮星。

所謂的白矮星，是原來的恆星釋放外層之後殘留下來的中心部位。這種天體的密度非常高，每1立方公分的重量高達1公噸。

預估太陽也會在大概80億年後演化成白矮星，而且是周圍有行星狀星雲遍布的狀態。事實上，行星狀星雲和行星並沒有直接的關係，是因為當年所用的望遠鏡性能比較低劣，看到這類天體不若普通恆星那樣呈點狀，反而呈現行星般的大小（範圍），因此才有這樣的名稱。

剛演化成行星狀星雲的太陽

外層消散且剛演化成行星狀星雲的太陽樣貌想像圖。藍色部分為紅巨星末期釋放出來的氣體和微塵，紅褐色部分則是因為稱為超級風（superwind）的質量大規模釋放，導致氣體和微塵變得濃密的地方，其內側是電離的氣體。中心星體的藍色可見光會自縫隙穿透出來，令圖中最外側的藍色區域因反射而發亮。順帶一提，在太陽演化成行星狀星雲之際，有可能會受到木星及土星影響而成為雙極型態的行星狀星雲。

銀河

殘留的太陽核心（白色部分）

木星　土星

太陽臨終的面貌

太陽在外層氣體剝離而成為白矮星之後，會留下一個由氦核融合反應生成的碳氧核心。氧和碳的核融合反應需要大約 7 億℃的高溫，但是由計算結果可知，以太陽的質量而言，無論如何壓縮，都不可能提升到這麼高的溫度。因此，不再發生核融合反應的太陽就藉著本身的重力持續收縮。

在持續收縮的太陽內部，粒子擠壓到越來越小的空間裡。

根據英國數學家兼理論物理學家福勒（Ralph Howard Fowler，1889～1944）的假說，在超高密度狀態之下，電子擠壓到極限，會對壓縮產生反彈。

當這個反彈力〔簡併壓力（degeneracy pressure）〕和重力取得平衡時，太陽可能就會進入不再收縮也不發生核融合反應的靜止狀態。到了這個階段，太陽就不會再脹大，也不會再縮小。這就是白矮星，也就是一般認為的太陽臨終樣貌。

根據計算的結果，太陽從誕生到成為白矮星，總共要耗費123億年的時間。

專欄 COLUMN 螺旋星雲中所看到的白矮星

圖中顯示在水瓶座方向距離地球約650光年的行星狀星雲「螺旋星雲」（Helix nebula），是由史匹哲太空望遠鏡（Spitzer Space Telescope）所攝。周圍的綠色部分是以前放出來的氣體，中心附近的紅色部分則是比較晚近才釋出的微塵和氣體。一般認為，紅色部分中，尤其是靠近中心的區域，乃包圍著白矮星的微塵圓盤。

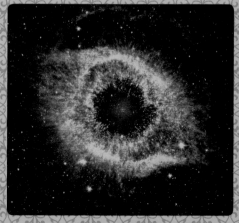

演化成為白矮星的太陽

由於持續至紅巨星末期的核融合反應，將太陽加熱到 1 萬℃以上的溫度，所以一開始是發出明亮的白光。但不久後能源消失，於是太陽逐漸冷卻而變暗。下方框裡為截面圖。外層消散之後留下的，是個由碳及氧構成的核心及外覆稀薄氦層的小天體。

消散的太陽外層（行星狀星雲）

演化成白矮星的太陽

碳、氧

氦

COLUMN

我們都是由星體的碎片所構成

在 宇宙的歷史中，曾經有無數個星體誕生而後死亡。不過，星體的死亡還會再創造出新的生命。

星體不斷造出各種元素

星體的壽命依其重量（質量）而有所不同。重量和太陽差不多的壽命大約100億年。更重的星體比較短命，只有1000萬年不到。

壽命已盡的星體終將步向死亡，死後又會孕育出下一個世代的星體。

較輕的星體，從最初的星體誕生到現在不過第一個世代，或者頂多進入第二個世代而已，但是較重的星體早已經歷過數也數不清的世代交替了。

宇宙誕生後最初孕育的群星，是由氫及氦等輕元素所構成。在星體內部，氫和氫結合成氦，發生「核融合反應」。接著氦結合成碳，再逐步製造出氧、氖、鎂、硫、鈣、鐵等各種較重的元素。

重星在臨終之際會發生所謂「超新星爆炸」（supernova explosion）的大爆炸。在發生超新星爆炸的時候也會合成重元素，並且把含有重元素的氣體拋灑到宇宙太空之中。這些氣體將再度集結，製造出新的星體。構成我們身體的原料就是這個超新星爆炸所製造出來的東西。

宇宙中這樣的循環從古至今已重覆無數次。藉由這樣的循環，使得塑造生命的元素逐一備齊。

從製造的元素中孕育生命

在距今大約46億年前，銀河系的某個角落有一個星體發生超新星爆炸，因而誕生了太陽。在這個太陽的成長過程中，孕育出含有各種元素的地球。而在至少大約38億年前，地球上就出現了最早的生物。

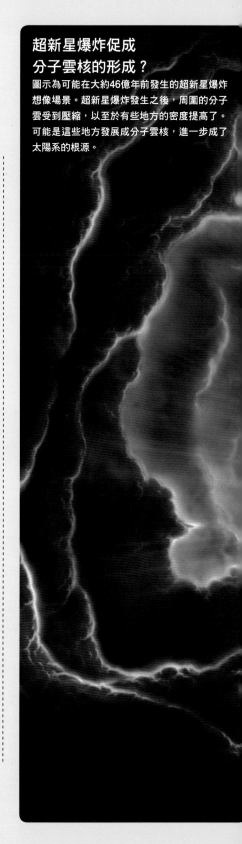

超新星爆炸促成分子雲核的形成？

圖示為可能在大約46億年前發生的超新星爆炸想像場景。超新星爆炸發生之後，周圍的分子雲受到壓縮，以至於有些地方的密度提高了。可能是這些地方發展成分子雲核，進一步成了太陽系的根源。

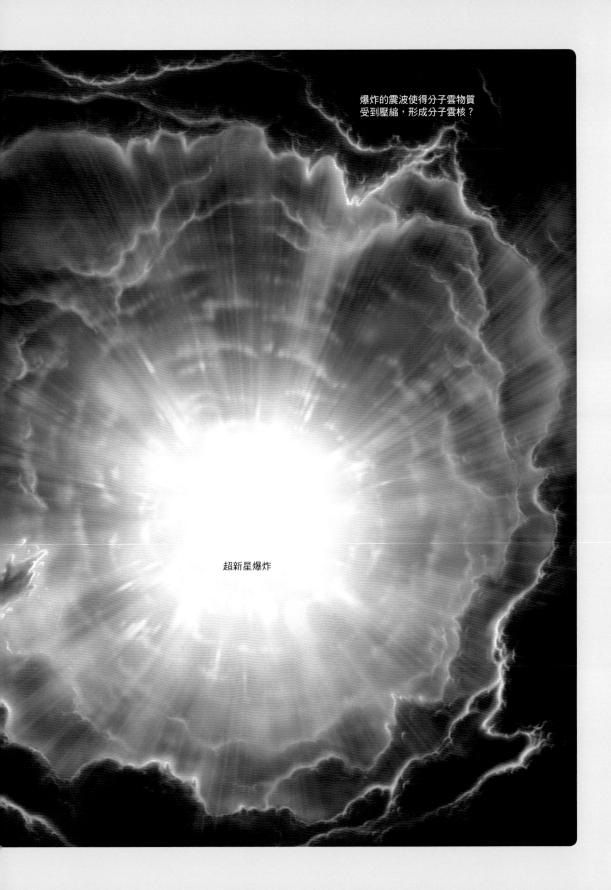

爆炸的震波使得分子雲物質
受到壓縮,形成分子雲核?

超新星爆炸

太陽與行星

	軌道長半徑（天文單位）	公轉週期（年）	軌道傾斜（度）	離心率	赤道傾斜角（度）	自轉週期（天）	赤道半徑（km）	密度（kg/m³）	確定衛星數
太陽 Sun	−	−	−	−	7.25	25.38	696000	1410	−
水星 Mercury	0.3871	0.24085	7.004	0.2056	0.04	58.6462	2439.7	5430	0
金星 Venus	0.7233	0.6152	3.394	0.0068	177.36	243.0185	6051.8	5240	0
地球 Earth	1.0000	1.00002	0.003	0.0167	23.44	0.9973	6378.1	5510	1
火星 Mars	1.5237	1.88085	1.848	0.0934	25.19	1.0260	3396.2	3930	2
木星 Jupiter	5.2026	11.862	1.303	0.0485	3.12	0.4135	71492	1330	72（79）
土星 Saturn	9.5549	29.4572	2.489	0.0554	26.73	0.444	60268	690	53（85）
天王星 Uranus	19.2184	84.0205	0.773	0.0463	97.77	0.7183	25559	1270	27
海王星 Neptune	30.1104	164.7701	1.770	0.0090	27.85	0.6712	24764	1640	14

以 1 天文單位為1.495978707×10¹¹公尺，1 年為365.25天，1 天為23小時56分4.0905秒來計算。（ ）內包括未確定個數。

以 1 天文單位為1.495978707×10^{11}公尺，1 年為365.25天，1 天為23小時56分4.0905秒來計算。（ ）內包括未確定個數。

矮行星

	所在之處	公轉週期（年）	軌道傾斜（度）	離心率	大小（km）	發現年份
穀神星 Ceres	小行星帶	4.60	10.6	0.076	直徑939	1801
冥王星 Pluto	海王星外天體	248	17.1	0.254	直徑2370	1930
妊神星 Haumea	海王星外天體	282	28.2	0.192	990×1540×1920	2003
鳥神星 Makemake	海王星外天體	305	29.0	0.158	直徑1400	2005
鬩神星 Eris	海王星外天體	561	44.1	0.439	直徑2400	2003

主要衛星

	編號、衛星名稱	發現年份	半徑（km）
地球	1. 月球 Moon		1378
火星	1. 火衛一 Phobos	1877	13×11×9
	2. 火衛二 Deimos	1877	8×6×5
木星	1. 木衛一 Io	1610	1821
	2. 木衛二 Europa	1610	1562
	3. 木衛三 Ganymede	1610	2632
	4. 木衛四 Callisto	1610	2409
	5. 木衛五 Amalthea	1892	125×73×64
	6. 木衛六 Himalia	1904	85
	7. 木衛七 Elara	1905	40
	8. 木衛八 Pasiphae	1908	18
	9. 木衛九 Sinope	1914	14
	10. 木衛十 Lysithea	1938	12
	11. 木衛十一 Carme	1938	15
	12. 木衛十二 Ananke	1951	10
	13. 木衛十三 Leda	1974	5
	14. 木衛十四 Thebe	1979	58×49×42
	15. 木衛十五 Adrastea	1979	10×8×7
	16. 木衛十六 Metis	1979	30×20×7
土星	1. 土衛一 Mimas	1789	198
	2. 土衛二 Enceladus	1789	252
	3. 土衛三 Tethys	1684	531
	4. 土衛四 Dione	1684	561
	5. 土衛五 Rhea	1672	764
	6. 土衛六 Titan	1655	2575
	7. 土衛七 Hyperion	1848	180×133×103
	8. 土衛八 Iapetus	1671	735
	9. 土衛九 Phoebe	1898	107
	10. 土衛十 Janus	1980	102×93×76
	11. 土衛十一 Epimetheus	1980	65×57×53
	12. 土衛十二 Helene	1980	22×19×13
	13. 土衛十三 Telesto	1980	16×12×10
	14. 土衛十四 Calypso	1980	15×12×7
	15. 土衛十五 Atlas	1980	20×18×9
	16. 土衛十六 Prometheus	1980	68×40×30
	17. 土衛十七 Pandora	1980	52×41×32
	18. 土衛十八 Pan	1981	17×16×10
天王星	1. 天衛一 Ariel	1851	579
	2. 天衛二 Umbriel	1851	585
	3. 天衛三 Titania	1787	789
	4. 天衛四 Oberon	1787	761
	5. 天衛五 Miranda	1948	236
海王星	1. 海衛一 Triton	1846	1353
	2. 海衛二 Nereid	1949	170

表列衛星除了月球皆依據日本《理科年表 2020》＜主要衛星列表＞登錄的資料為主。

過去及來未計畫中的主要探測船

太陽探測船

名稱	組織	發射年份	任務內容
先鋒5〜9號	NASA	1960〜1968	投入太陽環繞軌道，觀測太陽風、宇宙線、磁場
太陽神A、B號	NASA、德國	1974〜1976	觀測太陽與地球間的太陽風、磁場、電場、宇宙線、宇宙塵
ISEE-1〜3號	NASA、ESA	1977〜1978	地球環繞衛星「ISEE1號」、「ISEE2號」共同觀測太陽
火鳥號	ISAS	1981	高精度觀測第21太陽活動極大期的太陽，尤其是太陽閃焰
尤利西斯號	NASA、ESA	1990	1994〜1995年觀測太陽的北極，2000〜2001年觀測太陽的南極
陽光衛星	ISAS	1991	觀測第22太陽活動極大期的太陽
WIND	NASA	1994	測定太陽風
SOHO	NASA、ESA	1995	提供太陽數據的即時資訊，以便進行太陽風等太空天氣預報
ACE	NASA	1997	在宇宙太空中勘測可能來自太陽或星系的高能量粒子
起源號	NASA	2001	攜回太陽風的樣本
STEREO-A、B號	NASA	2006	把2枚探測衛星投入太陽軌道，立體調查日冕氣體的噴出等
日出號	NAOJ、JAXA、NASA	2006	觀測太陽閃焰及太陽質子事件等太陽表面的變化
深太空氣候天文臺	NOAA	2015	觀測太陽閃焰、太陽質子事件等太陽表面的變化。由美國SpaceX公司發射
太陽軌道船	ESA	2017	預定觀測從地球上難以觀測的極區，測定內太陽圈及太陽風的發生過程
派克太陽探測船	NASA	2018	計畫觀測太陽的外部日冕

水星探測船

名稱	組織	發射年份	任務內容
水手10號	NASA	1973	探測金星及水星。人類第一艘調查水星的太空探測船
信使號	NASA	2004	探測物質、磁場、地形、大氣成分等
MMO	JAXA	2018	國際水星探測計畫「貝皮可倫坡」，分別由JAXA負責的水星磁氣圈探測船「MMO」，以及ESA負責的水星表面探測船「MPO」，這2艘環繞探測船對水星進行綜合性觀測
MPO	ESA	2018	

金星探測船

名稱	組織	發射年份	任務內容
水手2、5、10號	NASA	1962〜1973	完成行星的飛掠。2號通過距離金星3萬5000公里處
金星4〜16號	前蘇聯	1967〜1983	前蘇聯的金星計畫獲得重大成果，包括金星的軟著陸
先鋒金星1、2號	NASA	1978	1號投入軌道後，對金星進行十多年的探測。2號把4個探測器送到金星大氣中
維加1、2號	前蘇聯	1984	1號和2號的降落艙抵達金星。探測金星的大氣和地表。後來飛向哈雷彗星
麥哲倫號	NASA	1989	投入極軌道，利用雷達觀測全地表98%
金星快車號	ESA	2005	主要觀測金星的大氣。發現金星上曾有大量水或海洋存在
破曉號	JAXA	2010	2016年再度投入軌道成功。主要目的在於闡明金星大氣現象的機制
IKAROS	JAXA	2010	陽光造成的光子加速實證機。以金星為目標，進行飛掠
金星D號	俄羅斯	2026	登陸艇能夠在嚴苛的金星表面滯留超過前蘇聯時代達成的1個半小時以上
VERITAS	NASA		探測金星的地質。選定為2021年最大的兩項任務之一

月球探測船

名稱	組織	發射年份	任務內容
月球1〜24號	前蘇聯	1959〜1976	3號拍攝到全世界首張月球背面影像。9號完成全世界第一次月面軟著陸。24號登陸
先鋒4號	美國	1959	飛掠月球，投入太陽環繞軌道。是美國第一艘能夠脫離地球重力圈的探測船
遊騎兵6〜9號	NASA	1964〜1965	飛往月面的碰撞軌道，並在碰撞前數分鐘傳回月面的高解析度相片

探測船3～8號	前蘇聯	1965～1970	5～8號執行月球載人太空船的試驗飛行，接近月球後返回地球
月球軌道船1～5號	NASA	1966～1968	為了進行勘測者計畫與阿波羅計畫而探測月面
勘測者1～7號	NASA	1966～1968	美國第一艘在月球軟著陸的太空探測船。把許多影像傳回地球
探險者35號	NASA	1967	在月球橢圓軌道上觀測月球與地球周圍的磁場和放射線
阿波羅1～17號	NASA	1961～1972	達成人類搭乘太空船抵達地球外天體的壯舉。總共6次載人登月成功
飛天號	ISAS	1990	拋擺實驗機，用於學習月球及行星探測等作業所需的軌道控制技術
克萊門汀號	NASA	1994	探測月球高緯度地區，並在南極陰坑內側觀測水的存在
月球探勘者號	NASA	1998	確認水的存在與礦物等資源的分布，觀測月球的地殼活動等等
智慧1號	ESA	2003	月球探測用的技術試驗衛星，試驗使用離子引擎飛到月球軌道
輝夜號	JAXA	2007	阿波羅計畫之後最大的月球探測計畫。由主衛星與2枚子衛星構成
嫦娥1～3號	CNSA	2007～2013	1、2號先後分別於200公里及100公里的高度進行觀測。3號在月面軟著陸成功
月船1、2號	ISRO	2008～2017	1號為印度第一艘月球探測船。2號預定採集土壤和岩石的樣本進行科學分析，但軟著陸失敗
月球勘測軌道飛行器	NASA	2009	在高度50公里的極軌道上繞行。為選定載人月球探測的登陸地點而收集基本資料
月球隕石坑觀測與傳感衛星	NASA	2009	在月球南極地區的卡比厄斯隕石坑發現水
重力重建與內部結構實驗室	NASA	2011	從2艘探測船的軌道上，以高精度測定月球的重力分布，闡明月球的內部構造等等

火星探測船

水手4～9號	NASA	1964～1971	4號傳回火星表面影像。6、7號探測表面與大氣。9號首次投入火星軌道
火星2～7號	前蘇聯	1971～1973	1976年，登陸烏托邦平原後立即啟用相機攝影
維京1、2號	NASA	1975	1號投入火星軌道，然後登陸並傳送影像。2號持續傳送影像至1980年為止
福波斯2號	前蘇聯	1988	探測船在觀測火星後接近火衛一，但中途失去聯絡
火星拓荒者號	NASA	1996	自「維京2號」之後相隔20年再次登陸火星的探測船。傳回大量照片數據
火星全球探勘者號	NASA	1996	從極軌道上拍攝相片並測量高度，製作詳細的地圖等等。有助於後來的探測計畫
2001火星奧德賽號	NASA	2001	發現表層水的痕跡，探測地表的礦物分布，測量放射線。也作為後續火星探測船的通訊轉送基地
火星快車號	ESA	2003	從軌道上勘測大氣及地下構造。投放登陸艇失敗。目前仍然持續探測火星
精神號	NASA	2003	和「機會號」一起送上火星的無人探測車。持續探測至2011年5月為止
機會號	NASA	2003	和「精神號」一起送上火星的無人探測車。至2015年總共行駛超過42公里
火星偵察軌道器	NASA	2005	多目的探測船。攜載高解析度相機，為了後續的探測船而勘察候選登陸地點
鳳凰號	NASA	2007	登陸北極。使用機器臂挖掘地表，探尋與水相關的資訊，也探測生物跡象
火星科學實驗室	NASA	2011	「好奇號」陸火星後，掘取表土及岩石，分析內部。探測生命存在的可能性
MAVEN	NASA	2013	環繞火星，觀測周邊大氣及環境的衛星
火星飛船	ISRO	2013	成功投入火星環繞軌道，印度是亞洲第一個把探測船送到火星的國家
ExoMars／火星微量氣體任務衛星	ESA & FKA	2016	歐洲主導的火星探測計畫「ExoMars」的前期任務。目的是探測火星的生命跡象。俄羅斯也參與
洞察號	NASA	2018	登陸火星，試圖把觀測裝置鑽入地下以便勘察火星內部，不過以失敗告終
火星2020	NASA	2020	攜載探測車「毅力號」和直升機「機智號」

天問1號	CNSA	2020	CNSA推行的火星探測。攜載軌道艇和探測車
希望號	MBRSC	2020	杜拜政府太空機構的火星探測船。使用日本的火箭發射
ExoMars／羅莎琳·富蘭克林號	ESA & FKA	2022	歐洲與俄羅斯合作的「ExoMars」後期任務。計畫攜載歐洲的登陸探測車和俄羅斯的登陸平台
MMX	JAXA	2024	投入火星衛星的擬環繞軌道，觀測火星的衛星並採取樣本

小行星／彗星探測船

喬陶號	ESA	1985	最接近哈雷彗星的探測船
會合-休梅克號	NASA	1996	探測小行星愛神星。2000年成功與其併行。第一艘抵達小行星軌道的探測船
星塵號	NASA	1999	成功探測安妮法蘭克5535小行星／威爾德2號彗星／坦普爾1號彗星。攜回彗星塵
隼鳥號	JAXA	2003	從小行星糸川攜回樣本。使用離子引擎
羅塞塔號	ESA	2004	與楚留莫夫-格拉希門克彗星併行探測，投下菲萊登陸器成功登陸
深度撞擊號	NASA	2005	朝坦普爾1號彗星發射撞擊器，勘察內部。後來接近哈特雷2號彗星進行觀測
新視野號	NASA	2006	接近冥王星及其衛星冥衛一，進行攝影並觀測。未來將觀測海王星外天體
黎明號	NASA	2007	觀測小行星穀神星、灶神星。未來可能探測其他小行星
隼鳥2號	JAXA	2014	2018年抵達小行星龍宮，2020年帶著樣本回到地球
OSIRIS-REx	NASA	2016	計畫從小行星101955貝努攜回樣本，預定2023年返航
露西號	NASA	2021	預定2027～2033年探測木星周邊的6個小行星，精密探測太陽系的初期物質
靈神星軌道船	NASA	2022	預定2026年探測小行星帶中以鐵、鎳為主要成分的小行星「靈神星」

木星探測船

先鋒10、11號	NASA	1972	探測木星與土星
航海家1、2號	NASA	1977	探測木星與土星。是飛離地球最遠的人造物體，仍繼續飛往太陽系外
伽利略號	NASA	1989	1995年抵達環繞軌道並持續觀測，2003年按原計畫操控墜落木星
朱諾號	NASA	2011	2016年投入極軌道，詳細勘測木星的組成、重力場、磁場等
木衛二快艇	NASA	2025	預定以探測木星的磁氣圈與衛星木衛二、木衛三為主

土星探測船

航海家1、2號	NASA	1977	探測木星與土星。是飛離地球最遠的人造物體，仍持續飛往太陽系外
卡西尼號	NASA/ESA	1997	2004年投入軌道，持續觀測至2017年。將「惠更斯號」送到土衛六
蜻蜓號	NASA	2026	計畫使用無人機型探測船探測土星最大的衛星土衛六

天王星、海王星探測船

航海家2號	NASA	1977	在土星進行拋擺，飛往天王星及海王星。2號是唯一造訪過這兩個行星的探測船

日食

日　期	種　類	可見地區
2020年12月15日	日全食	（中心食）南太平洋、南美、南大西洋等地
2021年06月10日	日環食	（中心食）北極附近
2021年12月04日	日全食	（中心食）南極附近
2022年04月30日	日偏食	（偏食）南太平洋、南美等地
2022年10月25日	日偏食	（偏食）歐洲、非洲北部、中東、印度等地
2023年04月20日	全環食	（中心食）南印度洋、東南亞等地
2023年10月15日	日環食	（中心食）北美、南美等地
2024年04月09日	日全食	（中心食）北美、太平洋等地
2024年10月03日	日環食	（中心食）南美南部、南太平洋等地
2025年03月29日	日偏食	（偏食）北大西洋、歐洲北部等地
2025年09月22日	日偏食	（偏食）南極、紐西蘭等地
2026年02月17日	日環食	（中心食）南極
2026年08月13日	日全食	（中心食）北極附近、歐洲西部等地
2027年02月07日	日環食	（中心食）南太平洋、南美、南大西洋等地
2027年08月02日	日全食	（中心食）非洲北部、印度洋等地
2028年01月27日	日環食	（中心食）南美北部、大西洋等地
2028年07月22日	日全食	（中心食）印度洋、澳洲、紐西蘭等地
2029年01月15日	日偏食	（偏食）北美等地
2029年06月12日	日偏食	（偏食）北極附近、歐洲北部等地
2029年07月12日	日偏食	（偏食）南美南部
2029年12月06日	日偏食	（偏食）南極
2030年06月01日	日環食	（中心食）歐洲、俄羅斯、日本
2030年11月25日	日全食	（中心食）非洲南部、南印度洋、澳洲等地

- 日期顯示食相達到最大時刻（食甚）的臺灣時間。
- 「日全食」、「日環食」、「全環食」的部分，僅列出能看到中心食（日全食或日環食）的地區，能看到日偏食的地區則未列出。
- 「日偏食」的部分，是指能看到日食的全部地區。
- 地區只是大概的範圍。

月食

日　期	種　類	臺灣的狀況
2021年05月26日	月全食	可以看到（月出帶食）
2021年11月19日	月偏食	可以看到
2022年05月16日	月全食	看不到
2022年11月08日	月全食	可以看到（月出帶食）
2023年10月29日	月偏食	可以看到
2024年09月18日	月偏食	看不到
2025年03月14日	月全食	看不到
2025年09月08日	月全食	可以看到（全部過程）
2026年03月03日	月全食	可以看到（月出帶食）
2026年08月28日	月偏食	看不到
2028年01月12日	月偏食	看不到
2028年07月07日	月偏食	可以看到
2029年01月01日	月全食	可以看到（全部過程）
2029年06月26日	月全食	看不到
2029年12月21日	月全食	可以看到（月沒帶食）
2030年06月16日	月偏食	可以看到

- 日期顯示食相達到最大時刻（食甚）的臺灣時間。
- 未列出「半影月食」。
- 月出帶食是指月出前已開始月食，而以月食的樣貌升起。
- 月沒帶食是指月沉時月食尚未結束，而以月食的樣貌下沉。

火星接近地球

日　期	最接近時的距離（地心距離）
2020年10月06日	6207萬 km
2022年12月01日	8145萬 km
2025年01月12日	9608萬 km
2027年02月20日	1億142萬 km
2029年03月29日	9682萬 km
2031年05月12日	8278萬 km
2033年07月05日	6328萬 km

行星食

日　期	種　類	狀　況
2021年11月08日	金星食	白天的現象
2021年12月03日	火星食	白天的現象
2022年05月27日	金星食	白天的現象
2022年07月22日	火星食	日落後
2023年03月24日	金星食	日落後
2024年05月05日	火星食	白天的現象
2024年07月25日	土星食	白天的現象
2024年12月08日	土星食	日落時
2025年02月01日	土星食	白天的現象
2025年02月10日	火星食	日出時
2029年10月11日	金星食	白天的現象
2030年06月01日	火星食	白天的現象

‧行星食是指月球通過行星近側，觀測到行星遭月球遮掩的現象。

‧日期為行星食發生時的臺灣時間。

‧只列出在臺灣可以看到的行星食。

主要流星雨（流星群）

種　類	流星雨名稱	期　間	極大期	出現數目
固定群	象限儀座	12月28日～01月12日	01月04日	多
	4月天琴座	04月16日～04月25日	04月22日	中
	寶瓶座 η	04月19日～05月28日	05月06日	多
	寶瓶座 δ 南	07月12日～08月23日	07月30日	中
	英仙座	07月17日～08月24日	08月13日	多
	獵戶座	10月02日～11月07日	10月21日	中
	金牛座南	09月10日～11月20日	10月10日	少
	金牛座北	10月20日～12月10日	11月12日	少
	雙子座	12月04日～12月17日	12月14日	多
週期群	天龍座	10月06日～10月10日	10月08日	（下次大爆發）2024年
	獅子座	11月06日～11月30日	11月18日	（下次大爆發）2034年～2037年
白晝群	白羊座白晝	05月22日～07月02日	06月07日	多
	英仙座 ξ 白晝	05月20日～07月05日	06月09日	多
	金牛座 β 白晝	06月05日～07月17日	06月28日	中

固定群：每年同一時期出現。

週期群：每隔數年～數十年活躍。

白晝群：只於白晝天空出現。

資料參考下列來源編製

‧日本國立天文臺編《理科年表2020》

‧日本國立天文臺網站首頁等

基本用語解説

CNSA
中國國家航天局（China National Space Administration）。中國負責太空開發事業的機構。

ESA
歐洲太空總署（European Space Agency）。歐洲太空機構，歐洲各國於1975年共同設立。

FKA
俄羅斯聯邦航天局［Russian Federal Space Agency（FSA）／Roskosmos（RKA）］。通稱Roskosmos。1992年設立。

JAXA
日本宇宙航空研究開發機構（Japan Aerospace Exploration Agency）。參與太空人派遣、探測船研發等大範圍太空開發相關事業。

MBRSC
穆罕默德・本・拉希德航太中心（Mohammed Bin Rashid Space Centre）。阿拉伯聯合大公國（UAE）於2006年設立的杜拜官方太空機構。

NAOJ
日本國立天文臺（National Astronomical Observatory of Japan）。負責日本天文學研究的中心機構之一。

NASA
美國國家航空暨太空總署（National Aeronautics and Space Administration）。1958年設立，主導阿波羅計畫及國際太空站的開發等太空開發事業的機構。

γ 射線暴
在超新星爆炸之前，從恆星中心形成的黑洞之中斷斷續續噴出噴流且互相碰撞。這個時候，會暫時性地以射束的形式放出大量γ射線。

大氣
包覆在天體周圍的氣體層。

中子星
以構成原子核的基本粒子「中子」為主要成分的天體。中子是和質子一起構成原子核的電中性粒子。大質量恆星臨終之際，原子受到強力壓縮而形成。

元素
擁有既定個數質子的原子種類，例如氫、氦、鐵等等。

公轉
天體週期性地環繞其他天體運行的運動。

分子雲
星體之間的星際雲主要成分氫，以分子狀態（H_2氣體）存在的氣體雲。

天文單位（AU）
天文學使用的距離單位之一，表示太陽與地球之間的平均距離。1天文單位大約為1億5000萬公里。有時也記為「au」。

天球
以地球為中心，把所有天體投影其上的球面。用於表示天體的位置和運動。

天體
恆星與星系等存在於宇宙太空中的物體。

太陽圈
從太陽吹颳出來之太陽風能夠抵達的範圍。

日食
地球上觀看到，月球橫掠太陽時遮掩及太陽的現象。會在太陽、月球、地球依序排成一直線時發生。

可見光
電磁波的一種，波長400～800微米左右。人眼能夠感知的光。

光年
天文學使用的距離單位之一，表示光行進1年所走的距離。1光年大約9兆4600億公里。

光速
光在真空中傳播的速度，1秒鐘大約行進30萬公里。

光譜
使用分光器等裝置把電磁波分解成各個波長，依波長順序排列而成的色譜。可由顏色得知種類及強度。

地函
在行星等星體中心包覆核心的地層。地函的主要成分，於類地行星為岩石，氣體巨行星為液態金屬氫，冰質巨行星為氨及甲烷混合而成的冰。

自轉
天體以通過本身重心的旋轉軸為中心做旋轉的運動。

行星
在環繞恆星運行的天體中，比較大型的天體。本身不發光，靠著反射陽光發亮。

克卜勒定律
德國天文學家克卜勒（Johannes Kepler，1571～1630）發現的3個定律，闡述行星在以太陽為其中一個焦點的橢圓軌道上運行的規則。

克耳文（K）
國際單位制（SI）的基本單位，絕對溫度（熱力學溫度）的單位。0K（絕對零度）相當於−273.15℃。

近日點
行星等天體在公轉軌道上最接近太陽時的位置。最遠離太陽的位置稱為遠日點。

星系
許多個恆星及星際物質組成的大集團。

星雲
氫及氦等氣體與微塵粒子聚集成如雲朵一般的天體。也是星體新生的場所。

科氏力

於運動物體的旋轉系統出現的虛擬力。也稱為地轉偏向力。由法國科學家科里奧利（Gustave Gaspard de Coriolis，1792～1843）所提出。

紅外線

電磁波的一種，波長介於0.8微米～1毫米左右之間。紅外線當中波長較短者稱為近紅外線，波長較長者稱為遠紅外線。

軌道

天體移動時的路徑。

重力

物體與其他物體互相吸引的力。物體的質量越大，則重力越大。

原子

構成物質的基本單位。中心有原子核，有 1 個以上的電子在其周圍繞轉。

原子核

原子中心的粒子。由質子和中子構成，帶正電荷。

核心

天體的中心部位。

核融合

輕原子核互相融合並產生重元素的核反應。

氣體

氣態物質。

脈動電波星

規律性地發出脈衝狀之可見光、無線電波、X 射線等天體的總稱。所謂脈衝是指只在短時間發生的振動現象。

密度

物質每單位體積所含的質量。表示物質的密集程度。

控制墜落

控制已經結束運用的人造衛星及探測船等，使其墜落在天體上的預定位置。

粒子

非常細小的顆粒。

絕對星等

把所有星體移放在與地球相同距離（32.6光年）的位置上比較亮度。目視的亮度稱為「視星等」。表示絕對星等的恆星亮度與表面溫度（顏色）的關係圖為「HR圖」。

超新星爆炸

超新星是整個恆星發生爆炸的現象。爆炸後殘留的星雲稱為超新星殘骸。

週期彗星

擁有週期性軌道的彗星。

黃道

地球上看到的太陽在天球面運行一周的路徑。沿線附近分布的星座即為黃道12宮。

黃道面

黃道在天球上所占的平面。也是地球繞太陽公轉的平均軌道面。

黑洞

藉由強大重力吸進光及物質的天體。存在於星系中心等處。

極光

電漿粒子撞擊大氣中的粒子時引起的發光現象，出現在行星的極區附近。

溫室效應

陽光加熱的地表放出紅外線，被二氧化碳等溫室效應氣體吸收，使得地表像溫室一樣保溫的現象。溫室效應氣體具有吸收紅外線並再度放出來的性質。

隕石坑

由於隕石等物體撞擊所形成的圓形窪地。

電磁波

藉由電場和磁場振動，在空間中傳播的波之總稱。也能在真空中傳播。依波長由短至長可分為 γ 射線、X 射線、紫外線、可見光、紅外線、無線電波等，但各種電磁波的波長分界並無明確定義。

電漿

氣體變成高溫時，原子核和電子（正離子與負離子）離散而自由運動的狀態。

磁氣圈

擁有磁場的行星及衛星周邊，基本上阻止太陽風入侵的區域。地球磁氣圈在靠太陽之側達10倍地球半徑左右。除了地球之外，水星、木星、土星、天王星、海王星也有磁氣圈。然而無磁場的金星和火星就沒有磁氣圈。

磁場

在帶有磁性的物體周圍，磁力影響所及的空間。

銀河系

太陽系所屬的星系。

噴流

從周圍降積到天體上的氣體，有一部分以射束的形式朝一個或多個方向噴出的現象。

潮汐力

引發潮水漲落的力。大部分源自月球及太陽的引力，但太陽太過遙遠，故其潮汐力只有月球的一半左右。

質量

物體所含的物質量，重量的根源。重量會受到重力影響，質量則不因重力而改變。

離心力

物體做圓周運動時承受的慣性力之一。在遠離圓心的方向上作用的力。

類地行星

主要以岩石及鐵等金屬構成的行星。太陽系之中，水星、金星、地球、火星屬於此類。

Index

▼ 索引

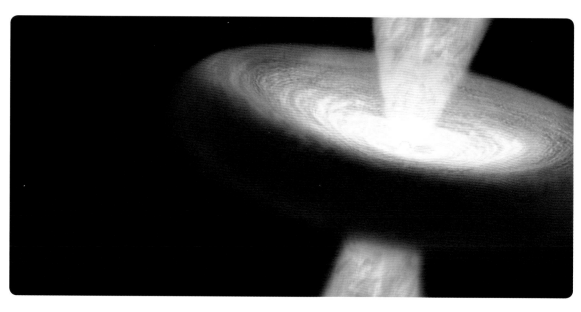

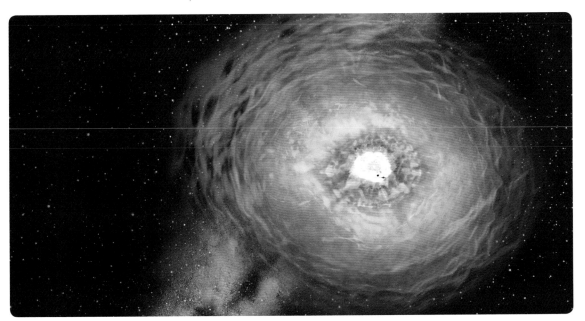

Staff

Editorial Management	木村直之	Design Format	三河真一（株式会社ロッケン）
Editorial Staff	中村真哉，矢野亜希	DTP Operation	阿万 愛

Photograph

006-007	NASA/SDO
008-009	NASA/Johns Hopkins University Applied Physics Laboratory/ Carnegie Institution of Washington
010-011	NASA/JPL-Caltech/MSSS
012-013	NASA/JPL-Caltech/SwRl/MSSS/Gerald Eichstäd/Seán Doran
014-015	NASA/JPL-Caltech/SSI, NASA/ JPL-Caltech
032-033	NASA/SOHO
035	NASA
036	NASA/GSFC/SOHO/ESA To learn more go to the SOHO
042-043	国立天文台/NASA/GSFC/ Solar Dynamics Observatory/NASA
045	SOHO（ESA&NASA）
046-047	NASA
061	NASA
068-069	（金環日食）国立天文台，（皆既日食）撮影： 福島英雄，宮地晃平，片山真人，（月食） NASA
070-071	NASA
072-073	NASA/GSFC, NASA, JAXA,（月面地質図） Corey M. Fortezzo（USGS）, Paul D. Spudis（LPI）, Shannon L. Harrel（SD Mines）, NASA/GSFC/Arizona State University
076-077	NASA Goddard Space Flight Center Image by Reto Stokli（land surface, shallow water, clouds）. Enhancements by Robert Simmon（ocean color, compositing, 3D globes, animation）. Data and technical support : MODIS Land Group ; MODIS Science Data Support Team ; MODIS Atmosphere Group ; MODIS Ocean Group Additional data : USGS EROS Data Center （topography）; USGS Terrestrial Remote Sensing Flagstaff Field Center （Antarctica）; Defense Meteorological Satellite Program（city lights）
079	NASA/JHUAPL/Carnegie Institution of Washington
080-081	NASA/Johns Hopkins University Applied Physics Laboratory/Carnegie Institution of Washington
082-083	（探査機みお）JAXA, NASA/Johns Hopkins University Applied Physics Laboratory/Carnegie Institution of Washington
085〜089	NASA/JPL
090-091	ESA, ESA-AOES Medialab
092-093	JAXA
095	NASA, James Bell Cornell Univ., Michael Wolff Space Science Inst., and the Hubble Heritage Team STScI/AURA
096-097	NASA/JPL/USGS

098-099	NASA/JPL, NASA, NASA/JPL/Arizona State University, NASA/JPL/MSSS, NASA/MOLA Science Team
100-101	ESA/DLR/FU Berlin, CC BY-SA 3.0 IGO, NASA/JPL-Caltech/Univ. OfArizona, ESA - Illustration by Medialab, NASA's Goddard Space Flight Center, Laboratory for Atmospheric and Space Physics, University of Colorado ; NASA
102-103	NASA/JPL-Caltech/MSSS,（経路） NASA/JPL-Caltech/Univ. of Arizona
104-105	NASA/JPL/Cornell/Max Planck Institute, NASA/JPL/Cornell
106-107	ESA/DLR/FU Berlin, CC BY-SA 3.0 IGO
108-109	NASA/SwRl/MSSS/Gerald Eichstädt/ Seán Doran
111	NASA/JPL/University of Arizona, NASA/ JPL-Caltech/SwRl/MSSS/Kevin M. Gill
112-113	NASA/JPL-Caltech/SwRl/MSSS/Kevin M. Gill
114-115	NASA, ESA, and J. Nichols（University of Leicester）, NASA and the Hubble Heritage Team STScI/AURA Acknowledgment : NASA/ESA, John Clarke University of Michigan, JPL/ NASA/STScI,
116-117	NASA
119	NASA/JPL-Caltech/SwRl/MSSS
120〜123	NASA
125	NASA/JPL/ASI/University of Arizona/ University of Leicester, NASA/ JPL-Caltech/Space Science institute
126-127	NASA/JPL-Caltech/SSI/Cornell, NASA/ JPL
128-129	NASA/JPL-Caltech/University ofArizona/University of Idaho, NASA/ JPL/University of Arizona/DLR, NASA/ JPL-Caltech/ASI, NASA/JPL-Caltech/ USGS, A. D. Fortes/UCL/STFC
130-131	NASA/JPL/Space Science Institute, NASA/JPL-Caltech
132-133	NASA/JPL/Science Institute （天王星のリング）NASA, NASA, ESA, andM.Showalter（SETI Institute），（渦） NASA, ESA, L.Sromovsky and P.Fry （University of Wisconsin）, H.Hammel （Space Science Institute）, and K.Rages （SETI Institute）
137	NASA
138-139	NASA/JPL-Caltech, NASA, ESA, andM. Showalte（SETI institute）
141〜143	NASA, NASA/JPL
146-147	NASA-JPL, NASA/JPL/Space Science Institute, NASA/JPL/USGS, NASA/JPL/ DLR, NASA
148〜149	NASA, NASA/Johns Hopkins University Applied Physics Laboratory/Carnegie

Institution of Washington, NASA, NASA Goddard SpaceFlight Center Image by Reto St kli (land surface, shallow water, clouds). Enhancements by Robert Simmon (ocean color, compositing, 3D globes, animation). Data and technical support : MODIS Land Group ; MODIS Science Data Support Team ; MODIS Atmosphere Group ; MODIS Ocean Group Additional data : USGS EROS Data Center (topography); USGS Terrestrial Remote Sensing Flagstaff Field Center (Antarctica); Defense Meteorological Satellite Program (city lights)., NASA, James Bell (Cornell Univ.), Michael Wolff (Space Science Inst.), and The Hubble Heritage Team (STScI/AURA), NASA, NASA/JPL-Caltech 117 NASA/JPL/University of Arizona, NASA/JPL/Space Science Institute, NASA, Astrogeology Team, U.S.Geological Survey, Flagstaff, Arizona, NASA/JPL/Caltech, James

	Hastings Trew/Constantine Thomas/ NASA/JPL
150～151	NASA/JHUAPL/SwRI
153	NASA/JHUAPL/SwRI, NASA/ESA
154～155	NASA/JHUAPL/SwRI
156～157	NASA/JPL-Caltech/UCLA/MPS/DLR/ IDA, NASA/JPL
159	NASA
160～163	JAXA
165	NASA/Johns Hopkins University Applied Physics Laboratory/Southwest Research Institute
166	NASA/JPL-Caltech/UCLA/MPS/DLR/ IDA
170	NASA/JPL-Caltech
176-177	NASA and The Hubble Heritage Team (STScI/AURA)
178	NASA and The Hubble Heritage Team (AURA/STScI)
183	国立天文台
190	NASA/JPL -Caltech/K. Su (Univ. of Ariz.)

Illustration

Cover Design	三河真一（株式会社ロッケン）	080	増田庄一郎
016～035	Newton Press	084	Newton Press
037	藤丸恵美子	088	門馬朝久
038-039	Newton Press	092～110	Newton Press
040-041	Newton Press, 荒内幸一	118-119	田中盛穂
044～053	Newton Press	124～135	Newton Press
054-055	増田庄一郎	136	小林 稔
056-057	奥本裕志	131	Newton Press
058～060	Newton Press	140～183	Newton Press
062-063	Newton Press, 黒田清桐	184-185	Newton Press, 木下 亮
064～069	Newton Press	186～191	Newton Press
074～078	Newton Press	192-193	小林 稔

Galileo科學大圖鑑系列06

VISUAL BOOK OF THE SOLAR SYSTEM

太陽系大圖鑑

作者／日本 Newton Press

執行副總編輯／陳育仁

翻譯／黃經良

編輯／蔣詩綺

商標設計／吉松薛爾

發行人／周元白

出版者／人人出版股份有限公司

地址／231028新北市新店區寶橋路235巷6弄6號7樓

電話／(02)2918-3366(代表號)

傳真／(02)2914-0000

網址／www.jjp.com.tw

郵政劃撥帳號／16402311人人出版股份有限公司

製版印刷／長城製版印刷股份有限公司

電話／(02)2918-3366(代表號)

經銷商／聯合發行股份有限公司

電話／(02)2917-8022

第一版第一刷／2021年12月

定價／新台幣630元

港幣210元

國家圖書館出版品預行編目資料

太陽系大圖鑑 / Visual book of the solar system
/ 日本 Newton Press 作；
黃經良翻譯. -- 第一版. -- 新北市：
人人出版股份有限公司, 2021.12
面；　公分. -- (Galileo 科學大圖鑑系列)
(伽利略科學大圖鑑；6)
ISBN 978-986-461-268-0 (平裝)

　1. 太陽系

323.2　　　　　　　　　　110018121

NEWTON DAIZUKAN SERIES TAIYOKEI DAIZUKAN
© 2020 by Newton Press Inc.
Chinese translation rights in complex characters
arranged with Newton Press
through Japan UNI Agency, Inc., Tokyo
www.newtonpress.co.jp